JN174963

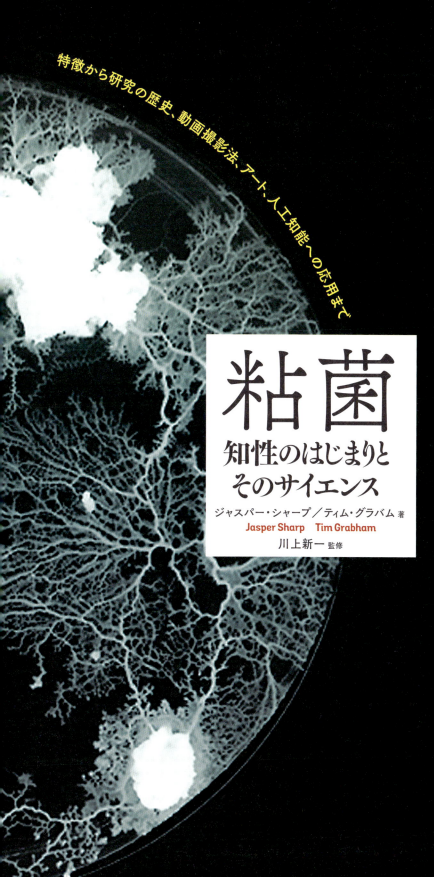

特徴から研究の歴史、動画撮影法、アート、人工知能への応用まで

粘菌

知性のはじまりと
そのサイエンス

ジャスパー・シャープ／ティム・グラバム 著
Jasper Sharp　Tim Grabham

川上新一 監修

誠文堂新光社

THE CREEPING GARDEN by Jasper Sharp and Tim Grabham

Text copyright © Jasper Sharp 2015.
Front cover design, title page design, and except where otherwise credited,
all photographs © Tim Grabham 2015.
Creeping Garden logo flip-book animation images © Jeff Jones 2014.
The moral rights of the owners of this work have been asserted.

Japanese translation rights arranged with FAB Press Limited, Surrey, U.K.
through Tuttle-Mori Agency, Inc., Tokyo

翻訳	江原 健
装幀・本文デザイン	米倉英弘＋鎌内文（細山田デザイン事務所）
DTP	横村 葵
編集協力	小泉伸夫
取材・執筆協力	斉藤勝司
校正	佑文社

＊本書では、特別な記載のない限り「粘菌」という表記を真正粘菌、変形菌の意味で用いている。細胞性粘菌や原生粘菌については、逐次「細胞性粘菌」、「原生粘菌」と記載し、混同を避けるよう配慮した。
＊本書では、利便性を考慮して原註、監修者註、訳註を、一部を除き基本的にページ下部に記載した。原註と区別するため、監修者による註釈は◆で、翻訳者による註釈は◆で示している。
＊学名に関しては初出のみ和名と併記したほか、巻末の索引で学名と和名の対照ができるよう配慮した。

ひとつぶの砂にも世界を

いちりんの野の花にも天国を見

きみのたなごころに無限を

そしてひとときのうちに永遠をとらえる

——ウィリアム・ブレイク「無心のまえぶれ」

（寿岳文章訳『ブレイク詩集』岩波書店、2013 より）

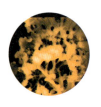

CONTENTS

はじめに──ようこそ粘菌の世界へ
Welcome to The Creeping Garden

本書は、粘菌（変形菌）に関する映画『The Creeping Garden』と関連した書籍である。『The Creeping Garden』は、ティム・グラバムと私、ジャスパー・シャープが監督を務めた長編ドキュメンタリー作品で、本書ではその映画の制作過程を紹介するとともに、粘菌という特異な生命体について詳しく紹介した。

本書では、映像で伝えようとした事柄をさらに発展させたほか、映像制作方法の一端も紹介している。それと同時に、本書は、一般的な読者に向けた粘菌の入門書でもある。粘菌は、ごく一部の人にしか知られていない存在で、ほとんど人の目に触れることなく生涯を終える生命体だから、本書が映画と同様、広く粘菌への関心を集めるきっかけになればこれ以上嬉しいことはない。

これらふたつの目的は、元はといえば、ティムと私が映画制作に乗り出した理由にも通じるものだ。私自身についていえば、映画も書籍も、映画批評家・学者・歴史家・キュレーターとしての立場から開始したプロジェクトだが、これまで本格的に映画制作に携わった経験はなかった。しかし、映画制作の現場や、録画・録音における映画技術の役割、機材の操作や組み立て、国境を越えた技術の普及といった点には、強い関心を抱いていた。

菌類学という比較的マイナーな分野に関しても、アマチュアとして興味はあったが、菌類やキノコの世界に魅せられていただけであり、決して生物学の確固たる知識を持っていたわけではない。それでも、自然界に対して純粋に畏敬や驚嘆の念は抱いていたし、ときおり、おいしいキノコを森からタダでいただくときに、毒キノコを摘まないだけの知識は持ち合わせていた。

ともあれ、厳密には菌類ではないが伝統的に菌類学で扱われてきた粘菌という存在に私が初めて出会ったのは、菌類に興味があったからにほかならない。

読者には、主に映画制作における私の学習過程をたどっていただくことになるが、そのほかにも、粘菌の難解なテーマを扱った部分では、知識のまとめと伝達にも努めた。映画制作の過程では、共同監督であるティムの意見が常に助けになったが、2人で歩んだその奇妙な旅を書き記した本書にも、彼の重要な貢献が息づいていることは申し添えておきたい。

右の写真：
ラボ環境で撮影したモジホコリ◆
（*Physarum polycephalum*）の変形体。
映画『The Creeping Garden』で使用した。
◆モジホコリは培養が容易なため、実験室内の研究で最も用いられやすい種類である。

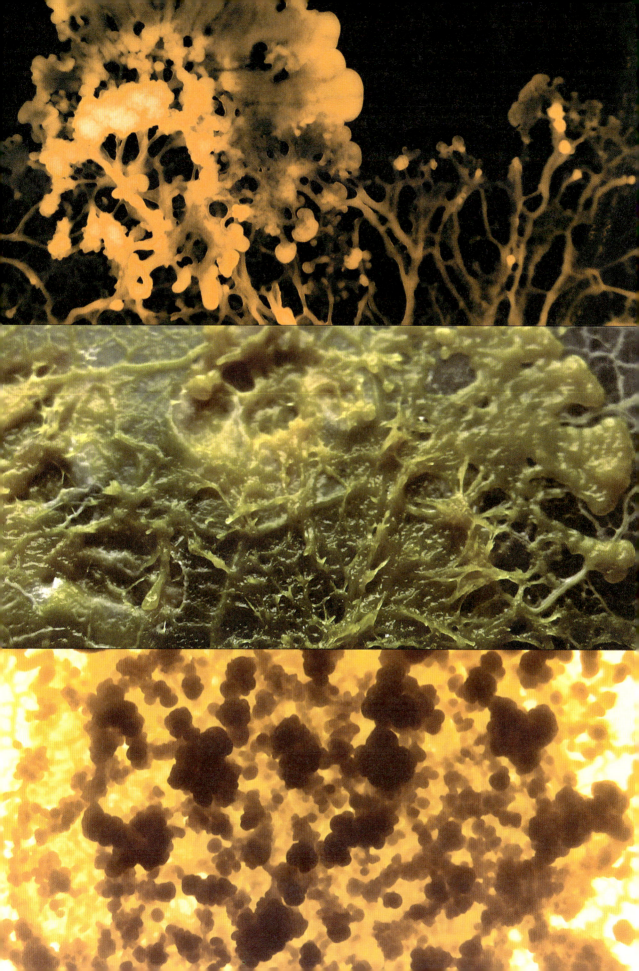

(01 粘菌の真の正体を明らかにするために

映画『The Creeping Garden』の誕生

映画『The Creeping Garden』の下調べを開始した段階で私たちが知っていたことといえば、粘菌は動物でも植物でも菌類でもないこと、粘菌は自発的に動くこと、そして食料を探す姿には目的意識が感じられ、一部の研究者がそれを「知性」と呼んでいるということだけだった[*1]。

そこを出発点とすると、自然と次のような問いが浮かぶだろう。粘菌とは何か、粘菌は何をするのか、自然界における粘菌の役割とは何なのか、云々……。今でも、これらの問いに完全な形で答えられる自信はない。ただ、こうした至極人間的な視点からの問いを立てることで、検討しがいのあるさまざまな論点が生じてくるように思う。

その意味で、『The Creeping Garden』は粘菌だけをテーマとした映画ではないといえるかもしれない。生物のデザインにインスピレーションを受けたアーティスト、ヘザー・バーネットは、私たちの映画に多大な貢献をしてくれたひとりだが、彼女の指摘を踏襲するなら、『The Creeping Garden』はメタファーやアナロジーだといえるだろう。餌を探し求める成長期の変形体が作り出す、脈動する血管のようなネットワークに本質的な美しさを感じるのは、自然環境でよく見かける模様に似ているからだ。木の枝や川の河口、ウチワサンゴ[◆1]（*Flabellum pavoninum paripavoninum*）、人間の神経系だけではない。もっと抽象的なシステム、例えば車の流れやインターネットの仮想世界にも通じるものがあるのだ。

では、実際のところ粘菌は、生命、宇宙、万物のメタファーと呼べるのだろうか？　アナロジーを導き出すのは簡単だ。しかし簡単だからこそ、学者、アマチュア研究者、アーティストといったさまざまな背景を持つ多くの人々が、粘菌という生命体の研究に魅せられてきた。

粘菌は、一生のうちに4つの異なる形態に変化し、ネバネバした質感の変形体はそのうちのひとつにすぎないが、こうして研究者同士をつなぐネットワークが形成されていくさまもまた、粘菌の振る舞いのアナロジーといえるだろう。

だが、粘菌を科学的に研究しても、世界の喫緊の課題への解決策は生まれない。それゆえに、粘菌研究に割り当てられる研究資金は悲惨なほど不足していて、皮肉にも、ほとんどの粘菌研究は純粋な生物学以外の分野で行われている。

ペトリ皿で飼育されている"ペット"のモジホコリ。餌はオーツ麦（オートミール）。

[*1] 粘菌に一種の「原始的な知性（primitive intelligence）」があると指摘したのは、Toshiyuki Nakagaki, Hiroyasu Yamada and Ágota Tóth, 'Maze-solving by an amoeboid organism', *Nature* 407 (28 September 2000), p.470が最初のようだ。この論文は、発表以降、粘菌の知性の議論に大きな影響を与えた。

[◆1] 腔腸動物の一種でサンゴの仲間。全体が赤っぽい色をしていて、枝分かれや癒合を繰り返す形態をしており、その形態はモジホコリの変形体に似ている。

マメホコリ[*2]（*Lycogala epidendrum*）の子実体。
ナメラマメホコリ（*Lycogala terrestre*）もこれ
と非常によく似ている。英語圏では、どちらも
通称「Wolf's Milk（狼の乳）」と呼ばれる。

◆2　マメホコリは、倒木や切り株などによく発生す
る種類で、球形やそれに近い形をした子嚢（胞子が
形成される袋状のもの）を形成する。子嚢の大きさ
はふつう1.5cmまで。ナメラマメホコリは、マメホ
コリのように、子嚢表面に鱗片状の突起が見られない。
マメホコリの変種として捉える学者もいる。写真は
マメホコリの未熟体である。

しかし、そこから他分野に応用可能な知見が生まれ、都市計画やロボット工学といった分野の、実に興味深い研究のきっかけにもなっている。

『The Creeping Garden』構想の指針になったものの中に、ヴェルナー・ヘルツォークの南極ドキュメンタリー『世界の果ての出会い』（2007）がある。ヘルツォークのアプローチで特に惹かれたのは、南極自体、あるいは南極の野生生物や地理にさえ焦点を当てていなかったことだ。彼が目を向けたのは、何らかの理由で遠く離れた極地環境に魅せられた夢想家であり、そこで働く人たちだった。登場人物は、氷河研究者、生物学者、火山学者から料理人、機械整備工、フォークリフトドライバーまで多岐にわたる。最も理解に苦しんだのは、確かニュートリノ研究者だったと思う。理論物理学の中でも抽象的な概念の最たるものを研究する科学者が、どうして世界の最果てにいるのだろう。事実上、存在すら不確かな物質、人類の日常生活とは決して交わらないも同然であろう物質を探している研究者が、なぜ南極に……。

描き方は奇抜だったが、作品自体にはいつものヘルツォークお得意の手法が使われ、人間と環境の関係、人間の内なる理性、懸命に常識に当てはめて考えようとしてしまうことから生じる混沌、さらには、自然や科学の知識は人間の言葉でしか理解しえないということが論じられていた。『世界の果ての出会い』は、決してペンギンのドキュメンタリーなどではないのだ（唯一の例外は、群れから離れて氷の世界へと飛び出し、絶体絶命の危機に陥る異常行動個体の映像だけだ）。

もちろん、粘菌は確かに存在する。私が粘菌に興味を持ったきっかけは、とらえどころがなく、手軽に手に入る情報が少ないうえに、積極的に探さない限りは見つけられない存在だったからだ。粘菌の摩訶不思議な生態も気になったが、それと同じくらい、ほかの人が粘菌の虜になったきっかけも知りたいと思った。彼らの興味の源泉は何なのだろう。粘菌を通じて世界の見方はどう変わったのだろう——。

こうした疑問点を明確にしていく過程で、ティムと私はある確信を覚えた。私たちの中で芽生えた"粘菌学"なるものへの関心と、粘菌という珍しい生き物——そもそも生き物と呼んでいいのかわからないが——を映画というメディアで探求・説明していく試みは、粘菌学の知の拡大という取り組みを補うものになるはずだ、と。そして手段を尽くし、粘菌の振る舞いの一切合切を記録していた私たちは、気づけば実際の研究者さながらの活動に没頭していた。

粘菌の真の正体を描き出すためにとった方法は、取材した一人ひとりの独自の見方を組み合わせることだった。ティムの言葉を借りれば「見る者と見られる者の世界を観察し、その世界への没入体験を作り出す」というわけだ。菌類学者であれ、アーティストであれ、コンピュ

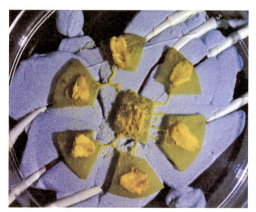

モジホコリが成長する際に発生する電位を測定（© Eduardo Reck Miranda and Edward Braund）。

"うさぎ穴"に落ちてしまったティム。360度全方位パノラマカメラで撮影。

ータサイエンティストであれ、は
たまたミュージシャンであれ、私
たちが取材した人たちは皆、粘菌
と独自の関係を築いていた。粘菌
を全体として完全に理解すること
は不可能なのだから、彼らの視点
をまとめ、粘菌のさまざまな側面
を明らかにすることで、粘菌の総
合的な理解を深めることにつなげ
ようと思ったのだ。

　そのうえで、"能動的な協力者"
としての粘菌の可能性も喚起し、
粘菌にとって人間とは何か、粘菌
は人間をどう見ているのか、とい
った疑問を提起したかった。粘菌
は自然界を生き抜くために、人間
とは全く異なる方法で光やにおい

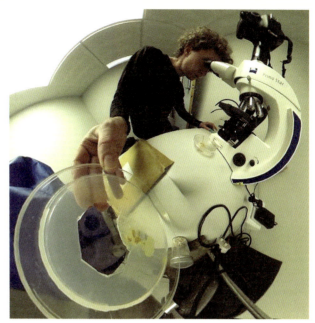

顕微鏡でモジホコリの変形体を調べ、脈動を探す。

を知覚している。そして何よりも、時間の感覚
が違う。なにせ非常にゆっくりと這い回ってい
るのだから。

　人間中心的な世界の見方は、視覚と聴覚を中
心とする知覚、さらには外的環境の記録・再現
技術によって本質的に規定される。そこに疑問
の余地はない。しかし、そうして人々の間で形
成された現実は狭い意味での現実にすぎず、粘
菌が感じ取っている現実とはかけ離れたものだ。
これは、映画の中で探求する価値のある、非常
に興味深い論点だと私には思えた。

　このように考えたとき、私はひどく動揺した。
新たな疑問が浮かび上がったからだ。粘菌に何
らかの知性があると考えられるなら——ある
いは、人間の論理と同じではないにしても、少
なくとも粘菌に内なる論理があると考えられる
なら——人間の知性と粘菌の知性を交わらせ
る方法があるはずだ。そうした交流から、どん
な知見が得られるだろうか？

　まるでSFの領域に近づいているような話だ
が、まさにその意味で、粘菌は映画という形式
で描くことが最も適していると考えた。その昔、
ある賢人がこんなことを言った（ずいぶん昔に聞

いたので誰の発言だったかは忘れてしまった）。「音楽
を文字で語るのは、建築物を踊りで表現する
ようなものだ」。私は、映画批評についても同
じことが言えるのではないかと常々悩んでいる。
映画や映画文化を批評する者にとっての最も厄
介なパラドックスのひとつは、多分に実験的で
挑戦的な映画という表現媒体を前にして、遅か
れ早かれ、多義性に乏しい書き言葉で語ること
の限界にぶち当たってしまうということだ。と
はいえ、言葉と映像や音声の相乗効果は確かに
あって、互いに互いの新しい側面に光を当てる
ことはできる。それぞれの概念や知識には表現
方法との相性があるはずで、視覚表現にも言語
表現にも向き不向きはあるのだ。その信念のも
とで、私たちは本書を執筆した。

　本書は、映画に収まりきらなかったものを記
した書籍ともいえる。私たちが考えるドキュメ
ンタリー映画の役割とは、隠れた世界を提示し、
その世界への好奇心をかき立てることであって、
粘菌に関する既知の情報や、粘菌から生まれた
広範な研究を事細かに紹介することではない。
そんなことをすれば、視聴者に情報の集中砲火
を浴びせ、彼らの興味を完全に失わせてしまう

ことになりかねない。視聴者は出演者の話を聞くので精一杯になり、多彩な色や形の世界に没入できなくなってしまう。

　粘菌という不思議な世界の入門者にとって、どの程度の科学的知識が必要で、どの部分は省略できるかという微妙なバランスを見極め、それでいて内容のレベルを下げすぎないこと──そこがこの作品の肝だった。同時に、一般の人々や私たち制作者が持つ、生物学やコンピュータサイエンスなどの専門分野の知識の限界に気づくことも重要だった。そこで本書では、粘菌を理解するために必要な背景知識を、粘菌愛好家ではない人や『The Creeping Garden』を観ていない人にもわかりやすく紹介していく。

　映画制作と書籍の執筆に共通していて、間違いなく作品制作の一番の醍醐味といえるのは、プロジェクトを開始した時点では、知の探求が自分をどこに連れていってくれるのか、最終的にどのような作品に仕上がるのかが決してわからないことだ。映画批評本を何冊も執筆してき

た身として、調べ物が楽しくなかったことは一度たりともない。情報を収集したり、手がかりをたどったり、全体的なイメージを頭の中で描いたり……。ただ、実際の執筆はなかなかに骨の折れる作業だ。

　そこへいくと、映画制作には明らかな魅力がある。学者兼インタビュアーとして私に課せられた仕事は、扱いたい分野を見定め、答えを知りたい疑問点を絞り込み、各分野でその疑問に的確に答えてくれる人物を探し出すことだけだった。取材を通じて得られた答えからどんな世界が見えてくるかは何となくイメージしていたが、書籍の執筆とは異なり、視聴者に伝えたい事柄を自分できっちり決める必要はなく、すべてのプロセスを自分で完全にコントロールしたわけではなかった。そこはもちろん、ティムの仕事だった。ティムは、撮影や編集の実作業の大半を担当し、素材に姿と形を与えてくれた。

　いろいろな理由があって、『The Creeping Garden』は完成までにほぼ3年の時間を要した。2人とも空き時間を使って制作したことや、目標を完全に達成するための資金集めに奔走したことが主な理由だが、制作に比較的長い年月をかけたことは、さまざまな意味でかえって好都合だった。というのも、粘菌に関する理解をより一層深める時間を持てたことに加え、ドキュメンタリーの形式と中身について熟慮を重ねられたからだ。ちなみに、ティムの巧みなタイムラプス映像も3年の間にさらに磨きがかかった。

　映画制作を開始した時点では、野生の粘菌の姿形も、粘菌が好む環境も、粘菌がどれくらいありふれた存在であるかも、私は知らなかった。私が偶然、野外で初めて粘菌に遭遇したのは、

野生の粘菌の未熟な子実体。ダテコムラサキホコリ（Stemonitopsis typhina）のように見える◆1。
◆1　子実体の形成過程で、上に伸びている状態。ただし、この写真からダテコムラサキホコリと断定するのは難しい。

乾燥したススホコリ◆2の子実体は、驚くほどよく見かける。
◆2 ススホコリは人が生活する場所にもよく発生し、巨大化することもある。

2歳の息子と散歩しているときだった（遭遇したのは硫黄色のススホコリ［Fuligo septica］。多くの人が最初に見つけやすいのはこの種のようだ）。以来、何種類かの粘菌は至るところで目に入ってくるようになった。

　野外で粘菌を簡単に見つけられるようになってきた頃から、粘菌をメタファーとして語るヘザー・バーネットに影響を受け、そこかしこにメタファーを見るようになった。それぞれの論点が知識や活動の抽象的なネットワークで相互につながっている様子や、調査という行為そのもの──すなわち、新しい情報、テキストの註釈、取材に答えてくれた人の何気ない一言から新たな疑問が生まれてくるプロセス──は、変形体の管が栄養を求めて伸びていくのに似ていた。

　最初期のインタビューでバーネットが発言していたように、彼女にとって粘菌とは、観察対象というよりはむしろ協力者だ。粘菌の振る舞いをある程度誘導することはできるが、完全にコントロールすることはできない。自立した粘菌という生き物は、ティムと私にも思わぬインスピレーションを与え、未知の世界へと誘（いざな）ってくれた。『The Creeping Garden』の映像と本書に綴った文章は、その旅路の記録である。

アーティストのヘザー・バーネット。インスピレーションの源である生物を探す。

02 共同監督ティムとの出会い

『The Creeping Garden』の制作が正式に始まったのは、私がドキュメンタリープロジェクトの日記を初めてつけた2012年1月4日水曜日だ。「正式に」といったのは、実際に映画の構想を温め始めたのはそれより9か月ほど前にさかのぼるからだ。2011年4月のある夜、ロンドンのトッテナム・コート・ロード駅にほど近いブラッドリーズ・スパニッシュ・バーで、ティムとふたりでビールを飲み交わしていたとき、私は彼に思い切って粘菌映画の構想案を打ち明けた。その年は、私が新作日本映画や日本をテーマにした最新映画をイギリスに紹介するために立ち上げたジパングフェストにおいて、ティムの前作『KanZeOn』(ニール・キャントウェルとの共同監督作品) のロンドンプレミアを行う予定で、ティムと私は何度も打ち合わせを重ねていたのだ。意外にも、その映画の構想案にティムは食いついた。それが『The Creeping Garden』のすべての始まりだった。

そして2011年の大半は、粘菌の知識を深めるとともに、お互いが作品に求めるものについて徹底的に議論することに費やした。内容を補うためにはどのような映像に仕上げるべきか、どこで上映するのがふさわしいか、娯楽や教育の面でどのような目的を持たせるか、そもそも誰のための映画なのか……。

ティムとニールが手掛けた『KanZeOn』を見て真っ先に感じたのは、日本の伝統・民間伝承・宗教における音の役割という内容と、映像のスタイルが完璧にマッチしていたことだ。表情豊かで、実験的で、映像と音の両方を等しく重視しながら表現していて、従来のやり方とは違う新鮮味があった。一方、過去数十年のドキュメンタリー映画といえば、資料映像を切り貼りし、第三者視点のナレーションをかぶせ、何人ものインタビュー映像をせわしなく切り替えるのがお約束で、映像はナレーションのおまけに成り下がっていた。

ドキュメンタリーの目的とは、エッセイほどの長さの論文を一般大衆にもわかるように、長編フィクションの標準的な長さである90分にまとめることなのか、あるいは映像と音でしか伝えられないものを映像と音で伝えることなのか、考え方は人それぞれだろうが、私は後者の考え方こそドキュメンタリー映画の本質だと常々思ってきた。私が『KanZeOn』に感銘を

『KanZeOn』(2011) の中で笙を演奏する藤井絵里。藤井は笙の音を鳳凰の鳴き声に例える (© Neil Cantwell and Tim Grabham)。

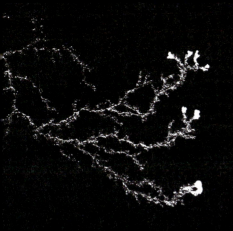

上の写真：
凍結したモジホコリの変形体の模様を写した写真。
ヘザー・バーネット撮影（© Heather Barnett）。
下の写真：
不明種の粘菌◆で、子実体形成のために集まり、
もがくように動く変形体の塊。
◆この変形体はシロススホコリ（*Fuligo candida*）のも
のと思われる。

受けたのは、音楽というテーマにふさわしく、その方針をとっていたからだ。馴染みのない世界を紹介する作品ながら、講釈を垂れる感じは一切なく、見る者を不思議な精神空間へと引き込む名作だった。

　成功の鍵は、映画制作過程でのふたりの監督の見事な信頼関係にあったと思う。プロジェクトの火つけ役であるニールは、日本の宗教と哲学に深い関心を持つミュージシャンで、日本文化の心からの理解者だ。それは、作品を見れば明らかだった（日本を題材にした多くの外国制作ドキュメンタリーは、せいぜい表面的な異国性を伝えているにすぎない）。『KanZeOn』に出演したミュージシャンは皆、ニールが九州在住時代に出会った友人たちで、ニールが彼らに求めているものは明確だった。一方のティムはティムで技術面で活躍し、ニールの難解なビジョンの伝達と脚色において重要な役割を果たしていた。この作品からは、2人のクリエイターのシナジーがひしひしと感じられた。

　私から見たティムの強みは、映画制作者としての才能はもちろんのこと、他人のアイデアを受け入れ、それを膨らませて新しいアイデアへと発展させる能力にあると思う。前述した4月の酒の席では、私が粘菌の説明を始めるやいなや、ティムは興奮を抑えられないといった様子で、「内容は君に任せる。それを僕が格好よく仕上げよう」と繰り返すのだった。その年は、バーでそんな取りとめのない話し合いを重ね、作品の多くのアイデアを発展させていった。

　幸い、こと映画に関しては、2人の好みや評価基準はかなり似通っていた。ティムも私も、抽象主義映画、表現主義映画、シュルレアリスム／実験映画が好きで、お気に入りの監督と言えばマヤ・デレン（1917〜1961）やスタン・ブラッケージ（1933〜2003）あたり。そんな私たちの表現スタイルに影響を与えた1人に、フランスの映画監督ジャン・パンルヴェ（1902〜1989）がいる。パンルヴェは自身の作品の中でさまざまな動物を描いたが、とりわけ、エ

イリアンのような姿の水棲動物を主題にした『L'hippocampe（タツノオトシゴ）』(1934)と『Les Amours de la Pieuvre（タコの性生活）』(1965)は、直感的で表現主義的な手法に立脚しており、イギリス伝統の説明調の科学ドキュメンタリーとは一線を画していた（イギリスでも、デイビッド・アッテンボロー［1926〜］が数々のBBCドキュメンタリーの傑作を生み出しているが、その記念碑的な業績を貶めるつもりは毛頭ない。ここでは単に、科学ドキュメンタリーに適した手法がほかにもあるということを示したいだけだ）。パンルヴェによる陸や海の動物の描き方は、ほとんどファンタジーの域だ。彼にとって自然とは、恐ろしくはあるが美しくもある異世界なのだ。パンルヴェの手法は、その後のジャック＝イヴ・クストー（1910〜1997）の映画やテレビ番組にも息づいていて、そのクストーが海中世界を探検したり説明したりする姿は、子供だった私の心に消えることのない刻印を残した。

　影響を受けた作品はもうひとつある。1971年公開の『大自然の闘争／驚異の昆虫世界』（エド・スピーゲルとウォロン・グリーンとの共同監督作品）だ。昆虫が地球を乗っ取るという、全編を通して終末的な雰囲気が漂うエキセントリックなドキュメンタリーで、架空の科学者ニルス・ヘルストロム扮するローレンス・プレスマンがナレーションを務めた。ほとんど忘れ去られ、今日ではあまり知られていない作品だが、1972年にアカデミー賞長編ドキュメンタリー映画賞を受賞している。この作品も、地球上の異世界を描き出し、タイムラプスとマクロ映像で見る者をあっと言わせた。また、ラロ・シフリンが作曲したサウンドトラックも型破りだった。

　ティムと私は、科学と自然を描くには、ドキュメンタリーとフィクションと実験映画を融合したようなスタイルがぴったりだと考えた。そういうスタイルなら、視聴者に身の回りの環境を意識させ、自然の中での人間の立ち位置について考えさせることができる。制作を始めて間もない頃、私たちは今村昌平（1926〜2006）の

集まりつつある変形体の標本（不明種）。

作品、特に『神々の深き欲望』(1968)で意気投合した。今村はこの作品で、動物を人格化するだけでなく、人間を動物化する（人間に"動物格"を与える）ことにより、人間と獣の境界をあいまいにした不条理な世界をスクリーン上に作り出した。

　当然のことながら、日本映画関連の経歴を持つ私がティムと出会うことができたのは、日本という共通点が大きかった。ティムと知り合ったのは『KanZeOn』の件より前の2010年、第1回ジパングフェストでのことだ。そのジパングフェストでは、ティムが撮影監督兼編集者を務めた、日本の落書きというサブカルチャーに関する短編ドキュメンタリー『RackGaki』(サリド・ハッサン監督、2008)が上映されたのだった。

　ミュージシャンのジム・オルークを巻き込めたのも、日本映画とのつながりからだった。ジムとは、『The Creeping Garden』の制作を開始する数年前に、日本映画という共通の関心事、とりわけ若松孝二 (1936〜2012)の作品（拙書『Behind the Pink Curtain』で取り上げた1人）を通じて知り合った。1970年代に実際に起きた極左運動の暴力的自滅を描いた『実録・連合赤軍 あさま山荘への道程』(2008)に、ジムは楽曲を提供していたのだ。彼はまた、2007年に東京に移り住んでもいた。そんなジムが『The Creeping Garden』のサウンドトラックを喜んで引き受けてくれたとき、私は歓喜した。

　だがジムの住む日本へ行くことは、残念ながら財政不足によって叶わなかった（詳細は後述する）。日本には映画の素材が豊富に存在することもあって、ぜひとも取材に赴きたかったのだが……。そうしたこともあり、ジムは東京の自前のスタジオで、ひとりサウンドトラックの制作にあたったが、私たち2人からのアドバイスや情報は微々たるもので、ジムはインターネット経由で送られてくる奇妙な映像や、「変わっていてSFっぽいものを」という曖昧なリクエストを頼りにするほかなかった。

　この映画で音と沈黙を操った先駆的な作曲家、ジョン・ケージもキノコ愛好家だったことは、全員が把握していた（事実、ケージはニューヨーク菌類協会 [New York Mycological Society] の設立者の1人だ）。だから、『The Creeping Garden』の音楽を無調でアヴァンギャルドな路線のものにし、取材先で録音した自然音を補うようなトーンと質感からなる音の風景を作り出すことは、必然のように思えた。その点、ジムなら全く心配がなかった。実際、ジムは私たちの期待通り、脈動が感じられ、催眠的かつ有機的で、特異な映像にぴったりな音空間のサウンドトラックに仕上げてくれた。

03 粘菌との出会い

キノコから粘菌へ

「過去の採集者が、何度も同じような状況で、菌類の一般的な生育環境に菌類と一緒に生育している粘菌を見たら、粘菌を菌類に分類したとしても、それは至極自然なことだ。それが正しいかどうかは別として、これまで粘菌の採集と研究が主に菌類学者によって行われてきたという事実は変わらない。そしてその事実は、間違いなく、粘菌の性質に関する多くの議論に少なからず影響を与えてきた」

—— G. W. Martin, C. J. Alexopoulos, M. L. Farr, *The Genera of the Myxomycetes*, University of Iowa Press, 1969 (1983 ed.), p.2.

映画制作のようなプロジェクトに取りかかるときの面白みのひとつは、題材を見つける過程ではなく、題材に見つけてもらう過程だ。私が粘菌を意識するようになったのは、もともとアマチュアのキノコ愛好家だったからだが、キノコに興味が湧いた理由は、ひとつには15年前に日本に住んでいたことがきっかけだった。日本のスーパーではキノコ類の品揃えが憎らしいほど豊富（エノキ、キクラゲ、舞茸、松茸、ナメコ、椎茸、シメジなど）なのに、なぜイギリスのスーパーにはハラタケ（*Agaricus campestris*）とマッシュルーム（*Agaricus bisporus*）くらいしかないのかと不思議に思ったのだ。

私の好きな日本映画に、『ゴジラ』（1954）の監督を務めた本多猪四郎（1911〜1993）の『マタンゴ』（1963）がある。この作品は、日本人の頭の中が世界中のどの国民よりもキノコでいっぱいであることを示しているようだが、実は、この映画の下敷きになっているのはイギリス人作家ウィリアム・ホープ・ホジスン（1877〜1911）の短編『マタンゴ』だ。ホジスンはあまり有名ではないが、イギリス怪奇小説の名手、アーサー・マッケン（1863〜1947）やアルジャーノン・ブラックウッド（1869〜1951）と同時代に生きた人物だ。ホジスンが『マタンゴ』を書いたという事実だけでも、現代のイギリス人が、未知の存在や野放しになったミステリアスな自然にいかに不安を感じているかがわかるというものだ。

東京に住んで3年が経った2005年にイギリスに帰国したときには、キノコへの好奇心から、キノコのことをもっと知りたいと思うようになった。ほどなくして、何人もの友人や知人から、「実は私も……」とキノコへの興味を打ち明けられた。当時はイギリス西部のバースに住んでいたのだが、秋の週末には、よくキノコの専門家や愛好家たちで郊外の森に集まり、散策や採集を楽しんだ。外出理由としては、山歩きやマ

上と右の写真：イングランド南部の国立公園ニューフォレストで撮影したジンガサタケ（*Panaeolus semiovatus*）。『*Pocket Nature: Fungi*』(2004)での通称はEgghead Mottlegill（卵頭茸）。卵を半分に割ったような形の、ベージュ色の光沢のある傘と、びっしり詰まった灰色から黒のヒダ、すらっとした柄が目印だ。野原や、牧草地の馬糞や牛糞の上でよく見かける。

ニカワホウキタケは、菌界における形や色の豊富さを示す好例だ（© Jasper Sharp）。

ウンテンバイクやゴルフなどよりも、いささか奇妙に映ったことだろう。

　キノコ狩りという新しい趣味を始めたのは、あわよくばおいしいキノコを食卓に並べたいという動機からだが、その後、キノコの世界のさらに奥深くへとのめり込んでいった。私より熱心なキノコ愛好家も、似たような道を歩んできたはずだ。キノコ狩りは、散歩に出かけるちょうどいい口実になるし、身の回りの自然に浸ることもできる。

　また、全く未知の分野の知識に触れ、さまざまなキノコを見分けられるようになることも楽しみのひとつだ。とはいえ、キノコの同定は一筋縄ではいかない。一番わかりやすい手がかりはキノコの形だが、ほとんどのキノコは成長段階によって形が大きく異なるし、ほんの数時間で形を変えるものさえあり、見分け方の習得には数年はかかる。そのほか、それぞれのキノコの生育環境に関する知識を得られるのも楽しい。たいていの種は、限られた生態系や特定の木でしか発育しないのだ。

　キノコ愛好家にとって、秋は最高の季節だ。

夏がようやく終わりを告げ、否が応でもイギリス中が憂鬱な気分に包まれ始める頃──日が短くなり、気温が下がり、木々の葉が落ち始める頃──、秋の訪れは、その楽しみ方をわかっている人々に新たな活力を与えてくれる。

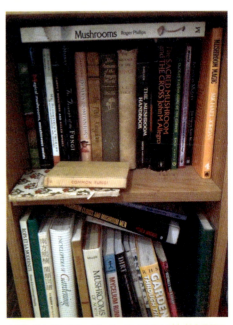

本棚にどんどん溜まっていく、キノコやカビなどの菌類に関する文献。これはほんの一部（© Jasper Sharp）。

ナヨタケ科の*Coprinopsis picacea*（和名なし）。胞子散布時に傘が黒くなって液化することから、
ナヨタケ科のキノコは英語圏では「インクキャップ」と呼ばれる。

　私にとってキノコ狩りとは、いわば狩猟のようなものだ。カメラ、マッシュルームナイフ、タッパーという軽装備で、見たことのない種類のキノコを完璧な写真に収めるために、草地や森（木の頂から林床まで）、公園、ときには許可を得たうえで、他人の庭の木くずの中までをくまなく探す。少量のサンプルを持ち帰ることもしばしばで、自宅にある図鑑をめくり、種をピンポイントで同定するのだ。そんなわけだから、キノコやカビなどの菌類に関する文献はあっという間に増えた。

　私がキノコの虜になったのは、ひとつにはキノコの形や色が気に入ったからだ。眺めていてうっとりしてしまうものも多い。たとえば、ニカワホウキタケ（*Calocera viscosa*）や*Coprinopsis picacea*（和名なし）、半透明のヌメリツバタケ（*Oudemansiella mucida*）などだ。ほかにも、エリマキツチグリ（*Geastrum triplex*）やタコスッポンタケ（*Clathrus archeri*）のように奇天烈な形をし

たものもいるし、海外に目を向ければ、ヤコウタケ◆（*Mycena chlorophos*）のように発光性のものまでいる。

　さらに心を奪われたのは、多くのキノコの名前だ。今では妖艶な響きのラテン語の学名を正確に言える。たとえば、*Flammulina velutipes*（和名：エノキタケ）、*Phallus impudicus*（和名：スッポンタケ）、*Lepista nuda*（和名：ムラサキシメジ）。当然のことながら、Crystal Brain Fungus（透明

エリマキツチグリは、ヒダではなく真ん中にある子嚢上部の穴（しのう）から胞子を飛ばす（© Jasper Sharp）。

◆ヤコウタケは、日本では関東以西の太平洋側で分布が見られ、主に小笠原諸島や八丈島などに生息する。

脳茸、和名なし、*Myxarium nucleatum*)、Amethyst Deceiver（アメジストモドキ、和名：ウラムラサキ、*Laccaria amethystina*)、Slippery Jack（つるつるジャック、和名：ヌメリイグチ、*Suillus luteus*)、Laughing Gym/Jim（笑いジム、和名：オオワライタケ、*Gymnopilus junonius*)、Egghead Mottlegill（卵頭茸、和名：ジンガサタケ）などの面白おかしい英名も覚えた。

どの名前を「正式な」通称とするかは、図鑑や専門書の間でも意見が分かれていて、多くのキノコの通称は定まっていない。キノコには数十万〜数百万の種があるといわれており、存在する種類の多さのわりに、名称の標準化に関心がある人が少なすぎるのだ[*2]。一般社会はいうに及ばず、権威ある科学界の中ですら、こんなにも手がつけられていない部分が多いというのは、それだけでも私にとっては驚きだった。

キノコや毒キノコと聞いて多くの人が思い浮かべるのは、傘と柄の部分（＝子実体）だけだろうが、それははるかに巨大な生命体の一部にすぎない。キノコは氷山に似て、大部分は地中や樹皮の下に隠れているのだ。肉眼ではほとんど見えない髪の毛のような無色の糸は「菌糸」と呼ばれ、落葉や倒木などの有機物から栄養を吸収し、枯死植物を土に還すという、生態系の重要な役割を担っている。そしてどのキノコも、菌糸が複雑に絡み合った集合体「菌糸体」を持つ。実は、地球上で最大の生命体はアメリカで発見されたナラタケ（*Armillaria mellea*)の1個体で、高さわずか5〜15cmほどの子実体の菌糸体は、驚くべきことにオレゴン州のブルー山脈を9.65㎢にもわたって覆っていたという[*3]。

ほんの数日、ともすると数時間で姿を消すこともあるキノコの子実体は、はるか昔から人々を魅了してきた。最も顕著な例は、いかにも毒キノコらしいベニテングタケ（*Amanita muscaria*)だろう。毒々しい赤色の上に白い斑点がついた傘は、昔から民間伝承、おとぎ話、魔術によく登場してきた。また1970年には、考古学者、聖書研究者、死海文書の翻訳者のひとりであるジョン・アレグロが著した『聖なるキノコと十字架』が、物議を醸した。アレグロはその本の中で、新約聖書は、キリスト教のルーツがキノコを宗教儀式で使用していた古代のカルト宗教にあることを隠すための隠れ蓑だと唱え、こう主張したのだ。「私たちの知るイエス・キリストの正体はキノコである」と[*4]。

オオワライタケは向精神性があるとされていることから、英語圏では Laughing Gym/Jim と呼ばれる。多くの文献では、通常は毒性があり、毒抜きをしても食用には適さないと説明されている（© Jasper Sharp）。

ベニテングタケは、白い斑点のついた赤い傘でお馴染みの、典型的な毒キノコだ（© Jasper Sharp）。

*2 Gerrit J. Keizer, *The Complete Encyclopedia of Mushrooms* (The Netherlands: Redo International, 1998), p.11.
*3 Anne Casselman, 'Strange But True: The Largest Organism on Earth Is a Fungus', *Scientific American*, October 2007.
*4 John M. Allegro, The Sacred Mushroom and the Cross (London: Hodder and Stoughton, 1970). (高橋健訳『聖なるキノコと十字架』無頼出版、2015)

エノキタケは味の良い食用種で、冬によく見かける。商用のエノキタケは、光と酸素を制限した低温環境で栽培され、柄は細長く、傘はごく小さく育つ。和食によく登場する（© Jasper Sharp）。

マメザヤタケは、硬くて食べられない子嚢菌門（子嚢の中に胞子を作ることからこう呼ばれる）のキノコ。一般に森林に生育する。

　多くの人々を惹きつけてやまないキノコの世界の魅力は、もうひとつある。シビレタケの一種、通称Liberty Caps（自由の傘、和名なし、*Psilocybe semilanceata*）などには向精神性があるといえば、もうおわかりだろう。イギリスでは2005年に薬物法に条文が追加されたことにより、俗にいう「マジックマッシュルーム」の使用が実質的に禁止されたが、これはつまるところ、この土から生える小さな突起物が、いかに

さまざまな朽ちかけのヒトヨタケの群生。

脳へ強力な作用を及ぼすかということを物語っていた。余談だが、2000年に初めて日本を訪れたとき、マジックマッシュルームは東京の街なかで簡単に手に入った（ただし日本での販売も、日韓共催ワールドカップが開催された2002年に禁止された）。これには、八百万（やおよろず）の神々への信仰という神道の自然崇拝的・アニミズム的考え方（自然の万物に「霊」や「神様」が宿るとする考え方）が一役買っていたのかもしれない。

　しかし、ベニテングタケを食べることで悟りが開けると考えるのは愚かというものだろう。アレグロ自身も認めているように、ベニテングタケは嘔吐（おうと）、下痢、痙攣（けいれん）、ほてりを引き起こし、多くの場合、死に至る。ただし、致死作用のある毒キノコは数えるほどしかない。それでも厄介なのは、赤いベニテングタケのように見るからに危険そうな毒キノコは、むしろ少数派だという点だ。たとえば、いかにも毒キノコらしい名前のDestroying Angel（破壊の天使、和名：ドクツルタケ、*Amanita virosa*）、Poison Pie（毒パイ、和名：オオワカフサタケ、*Hebeloma crustuliniforme*）、Death Cap（死の傘、和名：タマゴテングタケ、*Amanita phalloides*）は、口にすれば数時間であの世行きだが、どれも特徴に乏しい。また、ナメクジなどには毒が作用しなくても、

ササクレヒトヨタケ（*Coprinus comatus*）は、収穫時期を間違わなければ食べられるが、ほかのすべてのヒトヨタケ属と同様、胞子散布時は子実体が黒く液化してしまう。

人間には毒性があることもある。森の生き物がかじっているから安全だ、などと早合点しないようにしていただきたい。

　非常に楽しい読み物『ふしぎな生きものカビ・キノコ：菌学入門』でニコラス・マネーが指摘しているように、キノコと死の絆をより強固にする種はほかにもある。それは、*Hebeloma syriense*（和名なし）だ。このキノコは、地中の生物の死体を餌にして地上に子実体を咲かせることから、Corpse Finder（死体探知機）という不気味な俗称を持つ[5]。

　ちなみにブリテン諸島には、約4000種のキノコが生育している。その大半には致死性はないが、かといって食用に適しているわけでもない。多くの種は、小さすぎるか、硬すぎるか、あるいは端的にいってかなりまずい。チャコブタケ（*Daldinia concentrica*）、マメザヤタケ（*Xylaria polymorpha*）、キバフンタケ（*Stropharia semiglobata*）、キツネノロウソク（*Mutinus caninus*）を食べるくらいなら、段ボールや樹皮をかじるほうがましだ。

　身体へのキノコの長期的な影響については、ほとんどの種がまだはっきりとしていない。わかっている種にしても個人差が大きく、たとえばヒトヨタケ（*Coprinopsis atramentaria*）などはアルコールとの相性が非常に悪く、アルコールを摂取した数日後に食べても悪影響が出

る人もいるほどだ。また、マスタケ（*Laetiporus sulphureus*）は英名Chicken of the Woods（森の鶏肉）の通り、非常に美味であることが多いが、イチイの木に生えたものをうっかり食べないように。大多数のキノコは、悲しいことに土壌に流れ出てしまった重金属などの環境汚染物質を蓄積しているのだ。したがって、キノコが生えている場所にも注意が必要だ。

　そうはいっても、シャントレル（*Cantharellus cibarius*、和名：アンズタケ、）、モリーユ（*Morchella esculenta*、和名：アミガサタケ）、ポルチーニ（*Boletus edulis*、和名：ヤマドリタケ）の採れたてをシンプルにバターとニンニクで炒めたものを食せば、キノコ狩りに魅せられる理由をわかってもらえるだろう。この3種はどれも、味の悪いキノコ

『The Creeping Garden』の撮影中、ごちそうのポルチーニを見つけて粘菌探しを中断する、アマチュア菌類学者、粘菌学者のマーク・プラグネル。

＊5　Nicholas P. Money, *Mr. Bloom Field's Orchard: The Mysterious World of Mushrooms, Molds, and Mycologists* (Oxford, UK: Oxford University Press, 2002), p.29.（小川真訳『ふしぎな生きものカビ・キノコ：菌学入門』築地書館、2007）

食べられるキノコ、キクラゲ。英語圏の通称は Jelly Ear（クラゲの耳）や Tree Ear（樹木の耳）。かつては Jew's Ear（ユダヤ人の耳）とも呼ばれた。

アミヒラタケ（*Polyporus squamosus*）。木の幹から突き出すように生え、ヒダではなく傘の裏側の穴から胞子を飛ばす。

と見分けがつきやすい。比較的希少で、そのうえ美味とくれば、見つけたときの喜びもひとしおだ。

　大切なのは、きちんとした知識を身につけることだ。幸い、もっとありふれたキノコの中にも食す価値のあるものはある。たとえば、キクラゲ（*Auricularia auricula-judae*）がそうだ。その子実体は判別しやすく、年中見られ、ニワトコの木を好む。差別的であることから今は使われないが、英語圏には Jew's Ear（ユダヤ人の耳）という別名もある。イスカリオテのユダがニワトコで首を吊ったという言い伝えに由来する名称だが、その伝承自体、真偽は非常に疑わしい。なにせニワトコの枝は弱く、たわみやすいので、首を吊るのには到底向かないのだ。ほかの英名

としては、Jelly Ear（クラゲの耳）、Wood Ear（木の耳）、Tree Ear（樹木の耳）がある。ニワトコは、イギリスの森林ならイラクサと同じくらい至るところで見つかるので、キクラゲが好物なら飢えに苦しむことはないだろう。また、キクラゲは味にややクセがあるものの、栄養価が高い。和食でよく使われるほか、中華料理でも「黒木耳」の名で頻繁に登場する。さらにイギリスでも、アジア系のスーパーに行けば簡単に手に入る。

　私がキノコ狩りに味をしめた10年ほど前と比較しても、キノコに興味を持つ人がずっと増えたのは間違いない。だが、キノコとその生育環境に関する本物の知識と呼べるものは、イギリス国内では少数の愛好家しか持っていない。

＊6　私が考える一番の名著は、Shelley Evans and Geoffrey Kibby, *Pocket Nature: Fungi* (UK: Doling Kindersley, 2004）だが、もっと熱心なキノコ愛好家には、Roger Phillips, *Mushrooms and Other Fungi of Great Britain & Europe* (UK: Pan Books, 1981）を勧めたい。携帯には適さないが、網羅的なので本棚に置いておきたい1冊だ。

ロクショウグサレキンモドキ
(*Chlorociboria aeruginascens*) の
子実体。このキノコが菌糸を伸ば
した木の表面には、鮮やかな緑青
のような色のシミができる。

キノコ図鑑は数え切れないほど
あるし[*6]、イギリス菌学会（BMS
＝British Mycological Society）の
Facebookページもキノコに関
する貴重な情報交換の場ではあ
るが、食用・非食用・致死性の
キノコの情報や、複雑さをきわ
める分類法（個々の種の類縁関係
の有無）が文献間で矛盾してい
るか、不明瞭であるため、こう
した事態に陥っているのだ。キ
ノコの文献をすべて足し合わせても、完全から
はほど遠いのが現状だ。したがって、この本に
記した情報は、専門家や研究者の知識というよ
りは、アマチュアの"市民科学者"の集合知によ
るものと考えてほしい。

今日に至ってもなお、植物界よりも動物界に
近いキノコという魅力的な生命体に関して、わ
かっていることがほとんどないというのは意外
に思える。ただし近年では、キノコが健康増進

と環境改善に寄与するあらゆる性質を有してい
ることを示す証拠が、次々に発見されている。

個人的にキノコ研究を始めて間もない頃、私
は「これだ！」と思う本に出くわした。ポール
・スタメッツの『*Mycelium Running: How Mush
rooms Can Help Save the World*』（2005）だ。こ
れは、キノコに関して実証された事柄を1冊の
分厚い本にまとめた力作で、生態系を俯瞰した
ときに、キノコが自然界においてリサイクルや

クロサイワイタケ（*Xylaria hypoxylon*）。マメザヤタケと同じく、クロサイワイタケ科の
非食用キノコとされる（左と上の写真はすべて © Jasper Sharp）。

修復というきわめて重要な役割を担っていること、石油や放射性物質を分解できること、さらには清潔かつ効果的な害虫駆除などの可能性を秘めていることに光が当てられていた。控えめにいって、私はこの本の内容に感動した。

スタメッツの本に感銘を受けた私は、さっそくヒラタケ（*Pleurotus ostreatus*）の栽培に挑戦することにした。段ボールやコーヒーかすなどの基材を使って朝食の材料を育てられるのか、そのついでに肥沃土を作れるのかを試したかったのだ。ヒラタケの胞子はオンラインで簡単に購入できる。選んだのは、一般的なヒラタケよりも見た目が美しい種、トキイロヒラタケ（*Pleurotus djamor*）だ。そして、湿らせた電話帳の上に紅茶の出がらしや、コーヒーかす、藁を敷き、基材とした。その基材は、やかん1個分の熱湯を全体にかけるという原始的な殺菌を行ってから、大きなシードトレイにのせ、透明なアクリル板で蓋をし、庭の物置の中に置いた。1月初旬のことだった。

こうした非科学的な栽培方法にもかかわらず、数日で白いふわふわとしたトキイロヒラタケの菌糸体が、基材のあちこちに出始めた。キノコ栽培は初めての経験で、次に何がどうなるかも全くわからなかったが、その後3週間ほど経っても、それ以上成長する気配がなかったので、子実体を出すには刺激が必要だろうと思い、氷点下の日が続く2月中旬にトレイごと屋外に出した。

効果は抜群で、数日でコーヒーかすの上に置いた藁に小さなブツブツが出始めた。当時はキノコの成長過程についてもほとんど無知だったので、子実体が順調に成長し始めた印だと思った。それでも、コーヒーかすや藁の1本1本からふわふわの菌糸が出てきているのはすぐに気づいたし、もっと困惑したのは、湿った電話帳を血管のような綺麗な模様が彩り始めたこと

だ。その数時間前には、一時的に電話帳の上の藁にネバネバした光沢が生じ、アクリルの蓋には奇妙な黄色の粘膜のようなものが広がっていた。キノコがアクリルの上に菌糸を這わせたのだと思い、そんなものも基材になるのかとひどく驚いたものだ。

もったいないことに、この段階になるまで写真の記録を残していなかった。翌日にはベッタリとくっついていた黄色いスライム状のものは、どういうわけか姿を消し、代わりに虫の卵のような濃い灰色の塊がいくつも現れた。その後もさらにピンの頭に似た物体が藁から出始め、ものの数時間でベージュがかった黄色から薄い灰色、そして濃い灰色へと変色していった。その段階でもまだ、トキイロヒラタケの成長過程のひとつなのかもしれないと思い込んでいたが、1週間後、容器内に残されていたのは黒くなった基材だけだった。

アレクサンダー・フレミングが偶然ペニシリンを発見したという逸話が頭にこびりついていた私は、このように次々と姿を変えていったのは、ひょっとしたら基材に別の種が混入したからかもしれないと考えた。自然界でも、あるキノコの子実体の上に別のキノコが育つことは珍しくない。だとしたら、この奇妙な侵入者はいったい何なのだろう……。

カビはすべて菌界に属すが、書店に並ぶキノコ図鑑にカビが載っていることはまずない。例外は、ゲリット・J・カイザーの『*The Complete Encyclopedia of Mushrooms*』(1998)だ。「キノコ大百科」というタイトルとは裏腹に、この事典では、寄生性および病原性の半担子菌綱（はんたんしきんこう）に多くのページが割かれていて、黒穂病菌（くろぼびょうきん）、胴枯病菌（どうがれびょうきん）、サビ菌などが並んでいる。さらに、ぱっと見た感じではキノコらしくない形をした子嚢菌類（しのうきんるい）のキノコ（子嚢菌門に属す）のほか、一般的に菌の仲間とされるさまざまな生

＊7 Steven Stephenson and Henry Stempen (Illustrations), *Myxomycetes: A Handbook of Slime* Molds (Portland, Oregon: Timber Press, 1994) によれば、粘菌の種数は約700だ。新種の発見や既知種の分類の見直しによってこの数は増え続けているだろうが、大きくは外れていないだろう。

物（地衣類など）も紹介されていた（地衣類の大部分を占める地衣体の菌糸内には、クロロフィルを持つ藻類や藍色細菌［シアノバクテリア］が共生し、地衣類はそれらが光合成によって産生した糖などの炭水化物を栄養にしている）。基材に発生した不可思議な菌は、放ったらかしにした果物や、掃除されていない公衆トイレの換気扇などで見かけるのと同じ物体に見え、その正体を具体的に突き止めるには、この事典が適当だろうと思った。

　粘菌は決して菌類などではないのだが（詳細は後述する）、カイザーの百科事典には粘菌のページもあった。そして、そのわずか十数枚の粘菌の写真の中に、私が目にしたものに一番近いものを見つけることができた。ブドウフウセンホコリ[1]（*Badhamia utricularis*）だ。

　しかし今なら、粘菌の数は1000種にも上るとはいえ[7]、あれはブドウフウセンホコリではなかったと断言できる。私より粘菌に詳しい何人かの人に聞いてみたところ、あの粘菌はどうやら、100種以上の粘菌が属す最大派閥であるモジホコリ属の一種、シロモジホコリ[2]（*Physarum nutans*）だったようだ。

　これが、私と粘菌との最初の遭遇だった。どことなく不気味で、紛らわしい模様を描く粘菌が、5年後に私の頭の中に深く根を張ることになるとは、そのときは思いもよらなかった。

筆者がトキイロヒラタケの栽培に挑戦したところ、藁、コーヒーかす、茶葉、電話帳で作った基材が、モジホコリ属の一種と思われる粘菌に乗っ取られた[3]。一番上の写真では、粘菌の枯れた子実体の横、電話帳の表紙の上に、明らかにキノコの菌糸体とは異なる、血管様の変形体が生じているのが見える。そのほかの4枚は、胞子を飛ばす前の、ピンのような子実体のさまざまな成長段階を映した写真（© Jasper Sharp）。

[1] この種の変形体はキノコを栄養源とすることが知られている。子実体は直径1mmまでで、薄い青色をしたブドウの房のような子嚢が糸状の柄によって垂れ下がる。春から秋に腐木上に発生する。

[2] 子実体の高さは2mmまで。子嚢はレンズ形か球形に近い形で直径0.5mm程度。色は白色から灰白色。春から秋に腐木や生木樹皮上によく見られる。

[3] 粘菌によるキノコ栽培の被害はときどき生じている。日本では、イタモジホコリ（*Physarum rigidum*）などが原木栽培のキノコに発生していることが知られる。

An Alien Invasion

（04 宇宙人の侵攻

テキサスに現れた謎の物体

19 73年5月、テキサス州ダラスの郊外、ガーランドに住む主婦のマリー・ハリスは、寝室の窓から外を眺めたとき、裏庭にねっとりした奇妙な物体があることに気づいた。彼女曰く、「白くて、泡のような……。大きさはオートミールクッキー1個分くらい」。そして、発見から2週間のうちに「オートミールクッキー16個分くらいに成長し、駆除できない」までになった、その謎の物体出現のニュースは、5月下旬には全米中のメディアを駆け巡り、アメリカの人々は集団パニックに陥った。ひょっとして宇宙人の襲撃ではないか、と。

謎の物体のニュースが全米に知れわたったのは、5月26日土曜日のこと。『ワシントン・ポスト・アンド・タイムズ・ヘラルド』紙に、「19世紀の宇宙人伝説再燃——テキサスの"謎の物体"への関心高まる」との見出しが踊った。以後、これを基調にして報道が展開されていくことになる。5月14日にアメリカが初の宇宙ステーション「スカイラブ」を打ち上げてから2週間と経たないうちに、民家の裏庭に突如出現した物体により、早くも「テキサス北東部の住民の関心は宇宙開発計画から離れてしまった」。19世紀末に地球に不時着した宇宙人が、北西に120km離れた小さな町の墓地に埋められたという都市伝説と何か関係があるのではないか——、そんな憶測が飛び交ったのだ。

ハリスの近所の住民は匿名で、「オーロラ［テキサス州のその小さな農業の町］に埋め

られているらしい宇宙人と何も関係がないといいけれど」と語った。これこそ、UFO通には有名な、「井戸の上で爆発した」奇妙な宇宙船事件に触れた最初の発言だった。その事件に関し、1897年4月19日発行の『ダラス・モーニング・ニュース』紙では、次のように書いている。「その飛行体の操縦士は、唯一の乗員と見られる。遺体の損傷は激しいものの、この地球の住人ではないことを示すに足る残留物を回収することができた」（実際の墜落が起きたのは発行日の2日前の4月17日であること、そして未確認飛行物体が衝突したのは井戸ではなく風車であることも記されている）。

根拠なく宇宙人と関連付けられたために、ハリスの発見は、より一層センセーショナルに書き立てられた。1973年5月29日火曜日の『ビクトリア・アドボケート』紙の「摩訶不思議な物体の調査が進行中」と題した記事は、「摩訶不思議な膜」について、「地面からにじみ出てきたその物体は、脈動し、がん細胞のように増殖

上と右の写真：ススホコリの黄色の"物体"。野外では非常に目立つ◆。
◆ススホコリは、肥料や木材のチップをまいているような場所など、人の手が入っている環境に発生しやすい。それも巨大化する可能性があるため、しばしば人を驚かせることになる。変種にキフシススホコリ（*Fuligo septica*）があるが、こちらはより鮮やかな黄色の子実体を形成し、森の中で発生することが比較的多い。

しているが、いまだ正体不明」と報じ、赤みを帯びた「奇妙な物体」◆1は「厚い泡で覆われ」、中は「黒っぽい粘液」で満たされ、穴を開けると「赤紫の物質を流す」と説明した。また、「2週間で16倍もの大きさに成長」し、近隣の3軒からも似たような物体が目撃されたとも伝えた。匿名を条件に取材に応じた女性は「怖いったらありゃしません。うちの生け垣に同じものがありますけど、殺せないんです」と話したという。

その頃、あの宇宙人が眠ると伝えられているテキサス州オーロラの小さな墓地には、武装した番兵が現れ、野次馬やジャーナリストの立ち入りを禁止した（ある記者は、「あなたがイエス・キリストであろうと、ここには入れません」と言われたという）。さらに、北テキサス州立大学やその他複数の研究機関も調査チームを作り、墜落した飛行体のものとされる金属片の調査に乗り出した。先の『ビクトリア・アドボケート』紙の記事はこう締めくくられている。「一連の騒動は、SFファンが考える天国と化した」。

同じ5月29日発行の『エルパソ・ヘラルド・ポスト』紙も、次のように報じている。「謎の物体は、苦境を糧にしているようだ。雨で流されたかと思えば、後日、別々の3か所に再び現れた。サンプル片を切り取ったときにはぶるぶると震えたが、しばらくすると穴がふさがり、むしろ大きくなった。何人もの研究者にいじくり回されたにもかかわらず、大きさは1週間で16倍に成長した」。近隣住民の目撃例は後を絶たなかった。目撃者の1人、ダラス郊外のシーガビルに住むエドナ・スミスは、似たような物体が電柱を這い上がるのを見たと言い、こう続けた。「赤くて、脈が打つように動いていました。新聞で読んだものと同じです……。いったい全体、あれは何なのですか？」。世間に漂うヒステリーはいや増した。

彼女の言うように、あれはいったい何だったのだろう。この頃までには、何人もの調査員が検査にあたっていた。そのうちの1人、コロラド州のグロウス・インターナショナル社のアーノルド・ディットマンは、テキサスから輸送されてきたサンプルの分析に取りかかっていた。「バクテリアだろう」それが彼の最初の仮説だった。しかも、これまで人類に知られていない

◆1 変形体が赤色を帯びる粘菌では、アカモジホコリ（*Physarum roseum*）やウルワシモジホコリ（*Physarum pulcherrimum*）などが知られる。

全くの新種に違いないと見たディットマンは、5月29日の『デントン・レコード・クロニクル』紙に掲載されたインタビューで次のように述べた。「確かに成長しています。サンプルを瓶に入れると、間もなく内圧の上昇がありました。バクテリアだと仮定してお話しすると、バクテリアは凄まじい成長力を秘めています。ひとつの個体が1000以上の遺伝子を持つので、環境が整えば、わずか数秒で全く別の種へと変化することもあるのです。おそらく、この物体は新しい変異種でしょう。正体はまだつかめていませんが」。記事は、10日後には結論が出る見込みであることも伝えていた。

同じ日の『オデッサ・アメリカン』紙には、ディットマンの仮説がより具体的に紹介されている。彼は同紙に、「何らかのバクテリアと、ある種の気象条件が重なった結果」生まれた変異種という見解を示した後、「我々の知る限り、この物体、つまりこの種の変異種には危険性は一切ないようです。簡単に駆除できますよ。なんせバクテリアですから」とも語った。

しかし、『デントン・レコード・クロニクル』紙はディットマンのことを科学者であると太鼓判を押す一方、記事では「彼自身は生物学者ではないが、グロウス・インターナショナル社は生物学者のチームを持つ」とも記している。そもそも、グロウス・インターナショナル社での彼の役職は不明だし、会社自体も、バクテリアを利用してさまざまな物質を分解する廃棄物リサイクル業と、「生物有機化学を利用した食品製造業」を営んでいるにすぎなかった。要するにディットマンがダラスの謎の物体に興味を示したのは、その物体がバクテリアの「有益な変種」かどうかを確かめるためだった。

『ワシントン・ポスト・アンド・タイムズ・ヘラルド』紙と『ビクトリア・アドボケート』紙

乾燥したススホコリ◆2の子実体で、その胞子がほこりのように残っている状態。
◆2 ススホコリの胞子はより暗色をしているため、これはススホコリではない可能性もある。

干からびてパリパリになったススホコリの白い子実体。穴のひとつから、卵黄色の変形体が顔を覗かせている。

の記事が甚だしいほどにヒステリックだったのに対し（それより少し後に記事を出した『ハートフォード・カラント』紙も、前例にならいオーロラ事件との関連を強調した）、同日の『オデッサ・アメリカン』紙の記事はずっと控えめな内容だった。同紙は記事の中で、最初の目撃場所から謎の物体が消えたことを確認したAP通信の記者の話に触れ、元の場所には「甲殻のような物質だけが残り、ハリスさんによればそれがあの物体の残骸である」と書いた。そうなったのは、近隣の女性から電話でアドバイスを受けたハリスが、「庭の害虫を駆除するための昔ながらの対処法」に従い、タバコを浸した水を謎の物体にかけたからだ。彼女は、庭の端にある白っぽいカピカピの物質を指差しながら、「失うものは何もないと思い、先週の金曜日に出た物体にかけてみたところ、すぐに枯れました。これがその残骸です」と語ったという。

その頃、東テキサス州立大学生物学科に在籍する若き大学生ジェームズ・バーンハートが、謎の物体の解明に近づいていることが伝えられた。バーンハートはかさかさの皮のような残骸を一目見て、こう話したそうだ。「カビかキノコに見えます……。この地域にあっても特に不自然なものではないようです」。

そして1973年5月31日、『ニューヨーク・タイムズ』紙の記事によってパニックは収束し始める。その記事には、次のように書かれていた。「テキサスの2人の科学者が本日語ったところによると、マリー・ハリスさん宅の裏庭に現れた謎の物体は枯死し、もう息を吹き返すことはない」。この2人の科学者というのは、ベイラー大学の植物学者ファニー・ハーストと、南メソジスト大学科学図書館の標本室付植物学者ジェリー・フルックで、彼らは"謎の物体"と呼ばれているものは、一般的な粘菌か下等菌

硫黄色の変形体が密集している様子。この見た目から、ススホコリは英語圏で
「Scrambled Egg（スクランブルエッグ）」とも呼ばれる◆。
◆ススホコリは実際に、メキシコなどで食べられているとのこと。未熟な子実体を油で揚げるとの報告がある。

類」との見解を同紙で最初に示した。そしてハーストはその物体を指差しながら、「これはススホコリの一種でしょう。いくつもの細胞が接合した大きな原形質の塊で、バクテリアなどを摂食します。ハリスさんが新聞記者に説明したように、一般的に黄色で、脈動します」と語った。

この指摘は、1973年6月2日に出た『ロサンゼルス・タイムズ』紙の記事によって確証に至る。「テキサス大学生物学科のC・J・アレクソプロス」によれば、謎の物体は「変形菌網のススホコリか、ススホコリ属の一種」だと示されたのだ。この「C・J・アレクソプロス」という人物こそ、当時の粘菌の重要文献『The Genera of Myxomycetes』(1969) の著者の1人、C・J・アレクソポロスだ。ただ、これ以降の報道でも、テキサスの謎の物体は「菌類の一種」と説明され続けた。

先の『ニューヨーク・タイムズ』紙と同じ5月31日に発行された『ボストン・グローブ』紙の記事は、一連の騒動をうまくまとめている。ハリスと「地元の新聞記者のもとには、遠く離れたカナダやイギリスからも電話があり、成長の様子を尋ねられたり、似たような"謎の物体"を自分の庭でも見たと言われたりしたようだ。電話の相手は口々に『宇宙から来たものではないか』とほのめかしていたそうだが、真相は違った」。この一件は、それから数日のうちに人々の話題に上らなくなり、地球外から来た菌だという主張は世間からすっかり消えた。そして、騒動の沈静化を横目に一生を終えたススホコリから飛ばされた胞子は、次の世代の芽を出そうとしていたのだった。

05 粘菌を探し求めて
見つけるのも同定するのも難しい

完成版のドキュメンタリー『The Creeping Garden』に登場した粘菌の中で最初に見つけたのは、マンジュウドロホコリ（*Enteridium lycoperdon*◆）だった。ロンドンの小さな森で被写体を探していたときに偶然、遭遇した。太い枝の側面の、目の高さくらいのところに、卓球の玉よりも少し大きい白い物体が、まるで犬に吸いついて膨れ上がったマダニのようにぶらさがっていた。目を凝らして見ると、スポンジや発泡性の断熱材にそっくりで、うっすらピンクがかった半透明の膜に覆われていた。

そのときは正体がわからなかったので、スマートフォンで何枚か写真を撮り、イギリス菌学会（BMS）のFacebookページに「今日、森で奇妙なものをいくつも見かけたのですが、これは何でしょう？ 動物か鉱物か野菜か、あるいはキノコでしょうか？」というコメントを付けて投稿してみた。そしてティムを電話で呼び出して、いざ撮影しようと三脚をセットした頃（投稿から正確に7分後）には、早くもそのFacebookグループのメンバーであるディーター・スロスという人物から回答があり、その物体はマンジュウドロホコリだとわかった。

マンジュウドロホコリはFalse Puffball（偽ホコリ玉）という英語名や「〜lycoperdon」というラテン語名からわかるように、表面的な特徴だけ見ると、Common Puffball（ホコリ玉、和名：ホコリタケ、*Lycoperdon prelatum*）やStump Puffball（切株ホコリ玉、和名：タヌキノチャブクロ、*Lycoperdon pyriforme*）などのホコリタケ属のキノコと混同してしまいがちだが、実際のところはホコリタケと遠縁ですらないばかりか、菌類でさえない。

同じことはススホコリについてもいえる。ススホコリの場合、ネバネバした黄色い変形体（この見た目から、英語圏ではDog Vomit［犬のゲロ］、あるいはもう少し食欲をそそるScrambled Egg［スクランブルエッグ］と呼ばれる）が接合してひとつの球状の塊になり、やがて子実体となって硬い皮を形成すると、ニセショウロ（*Scleroderma citrinum*）というキノコとよく似た見た目になる。さらにススホコリもニセショウロも、成長して子嚢を形成すると皮の部分が硬くなり、この子嚢が裂開して中の胞子を飛ばした後には、ほこりのような茶色の残骸しか残らない。

上と右の写真：
マンジュウドロホコリは紛らわしい学名を持つが、キノコではなく粘菌である。ひとつの球のような子実体はキノコと見間違えてしまいそうだが、この写真を見れば、粘菌とキノコを見分ける重要な違いのひとつにすぐに気づくだろう。粘菌は枝から生えているのではなく、枝の上に乗っかっているのだ。ティム・グラバムの撮影風景（上の写真）からは、サイズ感も見て取れる（© Jasper Sharp）。

◆学名を*Reticularia lycoperdon*とする研究者もいる。

ニセショウロの子実体。これはキノコだが、見かけはススホコリに似ている。

一方、マメホコリは直径1cmほどの球体が連なった粘菌で、初めは毒々しいピンク色から赤い色をしているが、やがて泥色へ、さらには黒へと色を変え、裂開して胞子を飛ばすと、朽ちて跡形もなく消える。姿形は、前述の粘菌と部分的に似ているが、それと同じくらい子嚢菌門のキノコとも似ている。たとえば、ネクトリア・キンナバリナ（*Nectria cinnabarina*）やアカコブタケ（*Hypoxylon fragiforme*）、ゴムタケ（*Bulgaria inquinans*）、そして通称がないほど無名の、数千種類に及ぶキノコたちだ。そんなマメホコリも、ほかの粘菌と同様、倒れた朽木などを好む。

ここで、ロンドン南西部のキューにある王立植物園（Royal Botanic Garden）、通称キューガーデンの菌類学部門長ブリン・デンティンガーによる粘菌の説明を『The Creeping Garden』から引用しよう。「肉眼で見ると、その見かけから正真正銘のキノコと勘違いしてしまいますが、キノコらしいのは見た目だけです。顕微鏡下で観察すれば、粘菌とキノコは全くの別物であることがすぐにわかるでしょう」。

詳細は本章で後述するが、粘菌とキノコには

子嚢菌門のキノコであるゴムタケ。

アカコブタケは、マメホコリの子実体とよく似た姿になる。

ヒメアカキクラゲ（*Dacrymyces stillatus*）も、いくつかの粘菌の変形体に似ている。

根本的な違いがある。とりわけ大きな違いは進化系統上の位置付けや物理的な構造だが、最も重要な相違点は、動くか動かないかという点だろう。その証拠に、粘菌は基材の「上」に育つが、キノコは基材「から」生える。ただし、両者には共通点もある。胞子生殖をすることに加え、どちらもライフサイクルの大部分は人目につかないという点だ。

　キノコに関していえば、ふだん目にする傘や柄の部分は単なる生殖器官であって、その下の基材（たいていは土や木）には、一年中、糸状の菌糸が大きく広がった菌糸体が存在する。粘菌の生殖器官である子実体も、ライフサイクルの中でいくつかの明確な形態的変化を遂げるうちのひとつの姿にすぎないが、胞子から発芽した直後の粘菌は、菌糸ではなく微小な細胞の状態だ。この細胞は、鞭毛を持つ遊走子と鞭毛を持たない粘菌アメーバという2種類に分けられ、どちらも枯れた植物を食べて栄養を得る◆。私たちが目にするのは、これらの細胞がアメーバ運動の末に互いに接合した状態のものだ。この細胞は、やがて生殖活動ができる大きさにまで成長すると子実体を形成し、その後胞子を飛ばす。

　それ以上にややこしいのが、「細胞性粘菌」という別の種類の生き物も存在することだ。細胞性粘菌は本書のテーマである粘菌（変形菌）とは全く異なる生物で、ライフサイクルの大半は独立した粘菌アメーバが集まったコロニーの状態であり、土壌に住み、バクテリアを食べるが、個々の細胞に鞭毛が生えることはない。細胞性粘菌も、食料が枯渇すると子実体を

マメホコリの古くなった子実体。特徴的なサーモンピンクの色合いは失われている（左と上の写真はすべて© Jasper Sharp）。

◆植物に付着するバクテリアを食べて栄養を摂取している。

『The Creeping Garden』の撮影中に見つけた肉付きのよいカンゾウタケ◆1。英名Beefsteak fungus（ビーフステーキタケ）の通り食べられるが、クセのある味だ。

形成するが、この子実体はひとつの巨大な単細胞ではなく多細胞からなる。これらの理由から、粘菌は真正粘菌とも呼ばれる。ちなみに、『Myxomycetes: A Handbook of Slime Molds』の中で著者のひとりであるスティーブン・スティーブンソンは、細胞性粘菌はわずかに60種◆2が知られているだけだ、と話のついでに簡単に述べるにとどまっている[8]。その細胞性粘菌の一種、キイロタマホコリカビ（Dictyostelium discoideum）は、薬剤の分子レベルでの働きを詳しく理解するために、生物医学研究で広く利用されているのは確かだが、細胞性粘菌は粘菌とは振る舞いも物理的構造も異なるため、本書ではこれ以上立ち入らない[9]。

　粘菌とキノコの区別に非常に便利で、かつ重要なポイントは、キノコはほとんど秋にしか現れないのに対して、粘菌は一年中何らかの成長段階にあるものを見つけられるという点だ。実際、ススホコリの特に活発な個体のもとに何度も足を運び、さまざまな形態を撮影したティムが、まだ倒れていないカバノキの朽木の上にそのススホコリを最初に見つけたのは、その年でも一二を争う暑さだった2012年8月18日のことだ（ただし、スティーブンソンによれば、「粘菌の子実体が比較的多く見られるのは夏から初秋に限られ」、そのほかの季節では「たまにしか見られない[10]」という）。

　とはいっても、種の同定に関する問題は、撮影に適した被写体を探し始めて間もない頃の私たちを大いに困らせた。だが、その苦労の過程もそれはそれとして楽しく、取材先の自然に身を置くうちに次第に感覚が研ぎ澄まされていった。遠くからでも、シミのようなものや変色した汚点、不自然な樹皮表面の一つひとつに粘菌の気配を感じられるようになったのだ。目当ての粘菌以外にも、いろいろなものに遭遇した。たとえば、オークの木の手が届かないような高

◆1 カンゾウタケは日本でも食べられるが、あまり一般的ではない。
◆2 現在では100種以上が知られる。
*8 Steven Stephenson and Henry Stempen, Myxomycetes: A Handbook of Slime Molds (Portland, Oregon: Timber Press, 1994), pp.18-20.
*9 興味がある方には、代わりにThe Social Amoebae: The Biology of Cellular Slime Molds（Princeton University Press, 2009）を勧めたい。記述が詳しく、読みやすい。著者のJohn Bonnerは、細胞性粘菌の研究に生涯を捧げた人物だ。
*10 Stephenson and Stempen, p39.

い場所で「あっかんべー」をするカンゾウタケ（Fistulina hepatica）の未熟な子実体。あるいは、倒木から卑猥に伸びたマメザヤタケの上に、乾いた喉頭蓋のような謎の物体も見つけた。おそらくススホコリの亡骸だったのだろう。

観察していると、目の前の景色がより一層豊かになり、不思議な風格を帯びてくる。林冠を見上げれば、そこには人間のゴミや破壊行為、その他の地上の人間活動とは無縁の、太古の島に似た空気が漂う。人間の目の高さより上に生きる、さまざまな寄生植物や着生植物の避難地帯があるのだ。また、倒木の樹皮にも、栄養が豊富なため、難破船の周囲を魚たちが泳ぐように多様な生命が息づいている。

さらに、木と木の間の距離も新たな意味を帯びてくる。新しい被写体を求めて森の中をくまなく探し、ごく小さな領域に目を凝らしていると、空間の感覚が歪むのだ。そうして粘菌の理解が深まったとたん、そこかしこに粘菌を見つけられるようになった。とりわけ、派手な黄色をしたススホコリは、かなり遠くからでも認識できた。オークの木にへばりついているものもいたが、特にカバノキが好きなようだった。少なくともカバノキの白い樹皮の上にいるとなおさら目立った。それでもこの時期はまだ、あまり多くの種を探し出すことはできなかった。初期に見つけた粘菌は特に目立つものばかりだったこともあるし、粘菌の生育環境について大雑把な知識しかなく、ほかの場所を注意深く観察しなくなっていたからだ。

最初の頃に見つけた粘菌は、これまでに発見・記録されている多種多様な粘菌のうちのわずか3種でしかないという認識はあった。この3種は着合子嚢体と呼ばれる特殊な形状の子嚢を持つので、ごく簡単に見つけられる。スティーブンソンによれば、粘菌の子実体のタイプは4

つに分けられ、着合子嚢体は「通常、半球やクッションのような形をした比較的大きな子実体で、柄は形成されない」。つまり、子嚢が直接基材に付着しているのだ[11]。

そのほか3タイプの子実体のうち、最も一般的なものは単子嚢体だが、自然界でこのタイプの粘菌を見つけるのははるかに難度が高い。単子嚢体とは、私がポール・スタメッツの本に感銘を受けてトキイロヒラタケの栽培実験をしたときに、藁に付着したピンの頭のようなもののことだ。スティーブンソン曰く、単子嚢体の粘菌は、変形体がいくつもの小塊に分かれた後、それぞれの小塊が有柄または無柄（種によって異なる）の子嚢に変形し、似たような形状の子嚢が密集した感じになるという。

3つ目のタイプ、擬着合子嚢体は、その名が示すように着合子嚢体に似ている。スティーブンソンの言葉を借りれば、「数個から多数の単子嚢体が密集した複合的な構造」だ。最後に残った4つ目のタイプ、屈曲子嚢体は、「変形体の、ひとつあるいは複数の太い管の形状を維持しながら子実体になったもの。（中略）網のように広がった形のものもあるが、大半は単子嚢体のような見た目で、1本の細長い曲線または直線か、あるいは枝分かれした形をしている[12]」。

マーク・プラグネルとの撮影中に出くわした粘菌の子実体（ツチアミホコリ◆3 [Cribraria argillacea]）。よく知らずにキノコ狩りに出かけた人は、キノコと間違えてしまうかもしれない。

---

*11 同書, p.25.
*12 同書, p.25-26.
◆3 本種は子実体が密生するアミホコリ属の一種。写真は未熟の状態。系統的
にアミホコリ属の他種より、フンホコリ（Lindbladia tubulina）と近縁であることが示唆されている。

小さな懐中電灯を使って粘菌を探すマーク・プラグネル◆1。

スティーブンソン自身が指摘するように、それぞれのタイプの間に明確に線引きをすることは必ずしも簡単ではない。実際、過去の重要文献『The Genera of Myxomycetes』(1969)には3タイプの子嚢体しか記されておらず、擬着合子嚢体の記載はない*13。そうしたこともあり、個々の子嚢体を深掘りすることは、映画はもちろんのこと、書籍でも専門的すぎるので、読者が情報の海に溺れてしまわないよう、本書では着合子嚢体と単子嚢体の2タイプに絞って話を進めていきたい。

撮影に適した被写体を探し始めた頃に話を戻そう。初めからすぐに見つけて特定することができた着合子嚢体型の子実体とは、マンジュウドロホコリ、ススホコリ、マメホコリの3種だ。種の同定には特にイギリス菌学会のメンバーの助けが大きく、Facebookページに写真を投稿すると、いつでもすぐに親切なコメントをくれ

た。こんな一幕もあった。マメホコリの写真を投稿したところ、そのうちの1枚がマメホコリなのかナメラマメホコリなのかで議論が巻き起

ムラサキホコリ属の粘菌は、特徴的な形状が密集しているので見分けやすい。その姿から、Tree Hair（木の髪の毛）やPipe Cleaner（パイプ・クリーナー）という通称を持つ種もある。同属のサラノセムラサキホコリ（Stemonitis flavogenita）は、その鮮やかな黄色が一番の目印だ（© Mark Pragnell）。

---

*13 G. W. Martin, C.J. Alexopoulos and M.L. Farr, *The Genera of Myxomycetes*, University of Iowa Press, 1969 (1983 ed.), p.3.

◆DNAの塩基配列を自動的に読み取り、解析する装置。
◆1 森の中では倒木の下が最も暗く、そうしたところに粘菌がよく見つかるので、

森で探す際は懐中電灯を持参することが望ましい。

こったのだ。さまざまな種の同定に挑戦することは地雷原に足を踏み入れることに等しい。顕微鏡やDNAシーケンサー◆などの機材に頼れないアマチュアならなおさらだ。英語の通称が付いているのは約1000種のうちのごくわずかなのに、キノコと同様、正解にたどり着くことはめったにないのだ。

もうひとつ例を挙げると、ヤニホコリ（*Mucilago crustacea*）という種は、英語圏ではススホコリと同様にDog Vomit（犬のゲロ）と呼ばれ、見た目も非常に似ている。ただし、その名に反して色にバリエーションがなく、純白、クリーム色、淡い黄土色などに限られる。

アマチュアと専門家が集まって情報交換をするイギリス菌学会のオンラインサイトは、粘菌が作り出す変幻自在のネットワークのメタファーと見ることもできる。実際、映画の被写体を新たに見つけたのも、このサイトだった。その「被写体」とは、市民科学者の理想の権化、マーク・プラグネルだ。マークは、野外でさまざまな種の粘菌を探し出して同定できる驚異的な能力の持ち主で、学術機関で形式張った勉強を積んだような人とは対照的な人物だった。マークを見ていると、こうすれば誰でも科学を実践

して楽しむことができるのではと思えてくる。

一般的な単子嚢体型の子実体を初めて見つけたのは、まさにそのアマチュア菌類学者兼粘菌学者と散策していたときだった。野生で単子嚢体型を見つけるには、鋭い目が必要だ。小さなペンライトを持って倒木の樹皮の裏側や落葉の下を覗くのがマークのスタイルだった。こうす

膠質菌の一種、*Myxarium nucleatum*（和名なし）は、知識がなければ粘菌と見間違えてしまっても無理はない◆2。
◆2 本種は変形体から子実体に変化している途中の粘菌に似ているが、実際に触ると、粘菌なら形が簡単に崩れる。

木に群生しているタヌキノチャブクロ◆3。
◆3 19世紀の前半、粘菌はタヌキノチャブクロを含む、いわゆる腹菌類に分類されたことがある。

さまざまな成長段階および胞子散布後のタヌキノチャブクロ。このキノコの成長過程と前章の
ススホコリの成長過程を比較してみてほしい。

ると確かに、緑と茶色で埋め尽くされた世界の中に、柄の上に色鮮やかな子嚢をのせた粘菌を探し出すことができた。ただし、私たちが見つけた粘菌はほとんどが高さ1mm程度のものだったので、動画や写真に収めることは難しかった。単子嚢体型の子実体があまり映画に登場しなかったのはそのためだ。

　繰り返しになるが、肉眼だけで正確に種を同定することは困難を極める。柄の長さや、子嚢の大きさ、形、質感、色など、肉眼で識別できる特徴はあるにしても、違いは微妙だ。違いを見分けやすい種としては、たとえばウリホコリ（Leocarpus fragilis）がある。その子実体は、黄色から黄褐色がかったオレンジ色の2〜4mmほどの卵型の子嚢が、短い半透明の柄にブドウのようにぶら下がった形をしている。また、クダホコリ（Tubifera ferruginosa）の子実体の場合は、ピンクや、赤から紫がかった茶色をした無柄の管状の子嚢が密集し、幅1〜5cmほどの擬着合子嚢体を形成する。個々の子嚢は、直径0.5mm未満、高さはせいぜい5mmだ。この見た目から、英語ではRed Raspberry（レッドラズベリー）と呼ばれる。

　これに対して、ムラサキホコリ属の粘菌は、背の高い円柱状の子嚢を作る。色は淡い茶色から赤褐色で、高さ2cm程度のひょろりとした黒い柄があり、ハタキや綿菓子に見える。

　どの粘菌も近くで見ると、その美しさに感嘆するが、もっと正確に種を同定するには、何年もの経験と知識の蓄積が必要になる。そのうえ、ただでさえ粘菌に関する書籍は豊富ではないのに、そのほとんどは英語以外の言語で書かれたものか絶版になっていて、入手は困難で値段も非常に高価だ（例外は前掲のスティーブンソンらの貴重な書籍『Myxomycetes: A Handbook of Slime Molds』）。粘菌は、きわめて謎多き研究分野だといえるだろう[14]。

　そんな多様性豊かな粘菌に関する書籍として、本書が神秘的で魅力的な粘菌の世界を覗く小さな窓の役割を果たすことができれば、それに勝る喜びはない。

単子嚢体型のウリホコリの子実体[*1]（© Mark Pragnell）。
◆1 未熟な子実体。成熟すると黄色から褐色になり、光沢がある。

クダホコリの子実体[*2]。擬着合子嚢体の例。密集した単子嚢体がひとつの塊のように見え、ススホコリなどの着合子嚢体型の子実体に似ている（© Mark Pragnell）。
◆2 未熟な子実体。成熟すると褐色になる。

*14　Stephensonの書籍とG. W. Martin, C.J. Alexopoulos and M.L. Farr, The Genera of Myxomycetes 以外にも、入手はあまり簡単ではないが、Bruce Ing, Myxomycetes of Britain and Ireland (Richmond Publishing, 1999)、N.E. Nannenga-Bremekamp, A Guide to Temperate Myxomycetes (Biopress, 1991)、Hermann Neubert, Wolfgang Nowotny, Karlheinz Baumann and Heidi Marx, Die myxomyceten band 1-3 (Karlheinz Baumann, 1993/1995/2000)、Michel Poulain, Marianne Meyer, Jean Bozonnet, Les Myxomycètes vol 1 & 2 (Fédération mycologique et botanique Dauphiné-Savoie, 2011) がある。

06 粘菌研究の歴史

粘菌の映画、論文、標本採集

「朽ちた木や腐りかけの葉の上に、ときおり、ごく小さな触手に似た奇妙な物体を見かけませんか。あれは "ミクシー" と呼ばれる生物です。一生の間に植物にもなり、動物にもなります。なんなら鉱物になることだってできるかもしれません」

—— *Magic Myxies*(British Instructional Films, 1931)Mary Field,Percy Smith 監督作品

独立系映画制作会社、英国教育映画社（British Instructional Films）が1922年から1933年にかけて制作した科学・自然史映画は人気を博したが、その中でも特に好評だったのが「Secrets of Nature」シリーズのひとつ『Magic Myxies』だ。粘菌を「ミクシー」という愛らしい名前で呼び、その興味深い特徴に光を当てた映画だが、作中の趣のあるナレーションは、粘菌の紹介方法としては少々空想がすぎるといわざるをえない。すでに述べたように、

メアリー・フィールドとパーシー・スミスの『*Secrets of Nature*』（1939）の表紙。同名映画の書籍版で、主題の生物とその撮影手法をつぶさに紹介している。

粘菌は動物界にも植物界にも菌界にも属さないし、ましてやすべての界をまたぐような存在でもないのだ。

その点を加味してもなお、この作品そのものとパーシー・スミスによる度肝を抜くタイムラプスや顕微鏡映像は、さまざま点で非常に興味深い。映画自体よくできた短編に仕上がっているし、少なくとも大衆向け映画に限れば、粘菌が登場した最初の映画といって差し支えない。また、イギリス国内では、『The Creeping Garden』以前に粘菌を主題として取り上げた唯一のドキュメンタリー映画だと思われる（ただし、粘菌のタイムラプス映像はBBCの番組では何度か放送されている。たとえば、2011年12月6日に初回放送された『After Life: The Strange Science of Decay』[粘菌が自然界の偉大なリサイクルプロセスに関わっていることは、まだはっきりとはわかっていないので、この番組に粘菌を含めるのは違和感があるが]や2013年の『The Great British Year』シリーズがそうだ）。

日本に目を向けると、樋口源一郎（1906〜2006）が制作した『真正粘菌の生活史—進化の謎・変形体を探る』（1997）がある。この作品は、1940年代後半から長年にわたって樋口が自ら

右のイラスト：ドイツの生物学者、エルンスト・ヘッケルの著書『*Kunstformen der Natur*』（1904）に掲載されたイラスト。さまざまな種の粘菌が描かれている。動物界、植物界、菌界のどれにも当てはまらない、広大かつ多様な原生生物グループを表す原生生物界（粘菌を含む）を1866年に提唱したのは、ほかでもないヘッケルだった。

幻燈◆を上映中。映写機の原形である幻燈は、19世紀に教育・啓蒙・娯楽の目的で使用された。この幻燈ショーが、今日の自然史・科学ドキュメンタリーの起源だ。

の手で作り続けた科学映画のひとつだ。そのほかにも樋口は、『きのこ―シイタケ菌を探る』(1980)、『菌と植物の共生―VA菌根菌を探る』(1999)、『きのこの世界』(2001) といった菌界を探求した興味深い作品群に加え、細胞性粘菌に関する映画も『細胞性粘菌の生活史―単細胞から多細胞へ』(1982) と『細胞性粘菌の行動と分化―解明された土壌の生態』(1991) の2本を残した。

また、2007年の山形国際ドキュメンタリー映画祭では、「ドラマティック・サイエンス！」というテーマのもと、「生命のコスモロジスト：樋口源一郎の100年」と題したプログラムが組まれ、選び抜かれた樋口の科学映画が上映された。この映画祭では、すでに紹介した、科学の不思議に着目したフランスの巨匠ジャン・パンルヴェの映画もいくつか見ることができた。しかし残念ながら、樋口作品は現在ライセンスの帰属先が定まっていないため、日本国外で見ることは叶わないようだ。

アメリカの作品では、粘菌研究者のジェームズ・ケーフェニッヒが教育市場向けに制作した『Slime Molds: Life Cycle』(1961、アイオワ州立大学視聴覚教育局所有) での、彼のテクニカ

ルディレクターとしての功績が評価されている。そのほか粘菌は、もっと実験的な性質の強いドキュメンタリーにも登場している。たとえば、ダイナ・クルミンスが制作した映画『Babobilicons』(1982) や、カールハインツ・バウマンとフォルカー・アルツトによるオーストリアのテレビドキュメンタリー『Like Nothing on Earth: The Incredible Life of Slime Moulds』(2002、ARTE制作)、そしてフラ

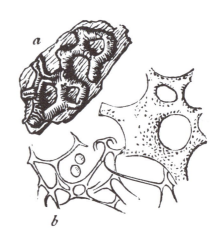

ツナホコリ（*Clenkowskia reticulata*◆）のイラスト。アーサー・リスターの著書『*Guide to the British Mycetozoa Exhibited in the Department of Botany, British Museum*』(1919) より。(a) 枝別れした屈曲子嚢体の子嚢の一部（拡大率4倍）、(b) 子嚢内部の細毛体（拡大率140倍）。

◆ガラス製のスライドに描かれた図版や写真をレンズによって拡大・投影する装置。マジック・ランタンともいう

◆現在では、Willkommlangea reticulate という学名のほうが一般的だ。

ンスで制作された瀬戸桃子監督の『プラネット
Z』(2011) などだ。一方、イギリス圏では、突
っ込んだ内容の一般大衆向け自然科学系番組の
制作は、門番となって立ちはだかるテレビ局の
コミッショニングエディターやプロデューサー
によって阻まれてきた。

　映画を制作する側の人間として、本章の冒
頭に挙げた映画シリーズ「Secrets of Nature」
の書籍版 (1939) に所収の、「著者について」と
いう章に書かれたパーシー・スミスのぼやきに
は、強く共感を覚える。そこには、「映写機が
初めて登場したとき、彼は科学映画の可能性に
胸を躍らせたが、いざその情熱を共有しようと
したら、役所の人間に冷たく退けられた」と
いう体験談が綴られている[15]。私たち自身も、
資金集めはさることながら、プロジェクトへの
関心を集める際には、プロデューサーや配給会
社から散々門前払いされた。いつも決まって、
ドキュメンタリー制作を目指す者たち泣かせの、
あの「Nワード」を浴びせられたのだ──広く
関心を呼ぶにはテーマが「ニッチ (niche)」す
ぎる、と。

　『The Creeping Garden』ではパーシー・ス
ミスの功績に敬意を表し、ティモシー・ブーン

が登場するシーンで、スミスとメアリー・フ
ィールドが手掛けた「Secrets of Nature」シ
リーズのひとつ『Magic Myxies』を軸に据えた。
ロンドンのサイエンス・ミュージアムの研究・
パブリックヒストリー部門長を務めるブーン
は、著書『*Films of Fact: A History of Science in
Documentary Films and Television*』の中で、企
業や組織の制作・上映決定権について広く述べ
るとともに、映画制作者の奮闘についても書い
ている[16]。そのため先のシーンを撮影するに
あたって、ブーンはうってつけの人物といえた。

　スミスは、『The Creeping Garden』で称え
たアマチュア科学者の代表格であるだけでなく、
自然科学の撮影技術と、映画という大衆向けの
メディアを用いた表現にも長けていた。だから、
可視化や可聴化、シミュレーション、コミュニ
ケーションといった表現手法の話を展開してい
くうえで、スミスの手法は議論の土台として役
立った。

　それから、本書は英国教育映画社の書籍の影
響も受けている。『*Secrets of Nature*』(1939) と
並び、『*Cine-Biology*』(1941) や『*See How They
Grow*』(1952) なども、題材にした生物と撮影手
法を深く掘り下げた良書だ。

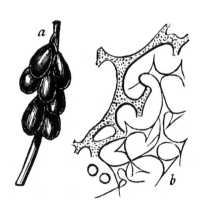

アーサー・リスターのウリホコリのイラスト (1919)。(a) 密
集した子嚢 (拡大率2.5倍)、(b) 子実体内部の細毛体と2粒の
胞子 (拡大率120倍)。

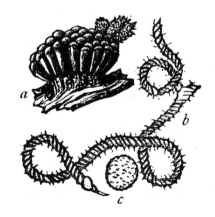

同じくリスターのハチノスケホコリ (*Hemitrichia vesparium*)
のイラスト (1919)。(a) 密集した子嚢 (拡大率2.5倍)、(b)
子実体内部の細毛体 (拡大率280倍)、(c) 胞子 (拡大率400倍)。

＊15 Mary Field and Percy Smith,
Secrets of Nature (London: The
Scientific Book Club, 1939).

＊16 Timothy Boon, *Films of Fact: A
History of Science in Documentary Films
and Television* (London: Wallflower,

2008).

ノーウッドにある南ロンドン植物学研究所（South London Botanical Institute）の粘菌コレクションの一部（© Jasper Sharp）。

　ちなみに、本書では「アマチュア」という言葉を何度も使っているが、よくいわれるような否定的・軽蔑的な意味合いは込めていない。ブーンの定義にならい、エリートではないが趣味で研究している人と、公的な機関から給料を得ているプロの学者とを区別するために使っている。ブーンは映画の中でも、こう指摘した。「『アマチュア』という言葉は、ラテン語の『amo（愛する）』が語源です。つまりアマチュア科学者は、科学が好きでたまらないという衝動から科学を実践しているのであって、二流だからアマチュアなのではありません*17」。

　ここで、粘菌の定義の問題に話を戻そう。スミスの2冊目の書籍『Cine-Biology』（1941）は、J・バレンタイン・ダーデン、F・パーシー・スミス、そしてメアリー・フィールドとの共著で、映画『Magic Myxies』がうやむやにした事実に多少修正が加えられた。この書籍は、ペンギン・ブックス社の一般教養書シリーズ「ペリカン・ブックス」から、映画と同様、広く一般大衆向けに出版されたものだ*18。その意味で、これまでに出版された粘菌関連書籍の中でも重

要な部類に入る。現代人よりも70年前の人々のほうが粘菌に詳しかったかもしれないというのは、何ともおかしな話だが……。

　スミスらのその著書『Cine-Biology』は、「生命の夜明け：原生動物、アメーバ、単細胞無形ゼリー生物の概説」から「昆虫：その発生と生活史」までの全11章で構成され、進化の歴史が順を追って簡潔にまとめられている。その中で、少し長くなるが、自然史における粘菌の位置付けについて触れた箇所を引用しよう。

　想像をもう少し膨らませてみよう。人間の頭でいくら妙ちきりんなことを考えてみたところで、自然の奇怪さはそのはるか上をいくのだから遠慮することはない。たとえば、アメーバが核分裂した後に、だるいとかそういう気持ちに負けてその先のプロセスをやめてしまったとしよう。するとたちまち、元の生命体の2倍の大きさというメリットを獲得し、しかもふたつの核は同一だから、争う理由も力もない。よさそうな考えだ。だったら、そのメリットをさらに活かし、核の数

を4個、8個、16個、数百個、数千個と増やしていけばいいじゃないか。だが、どこかで核分裂をやめないと、手に負えないほどの大きさになり、そのうえ支えるものが何もないから池の環境に全く適さなくなってしまう……。このような板挟みの状況を、特異な芸術性でもって打開したのがスライム菌（Slime Fungus）だ。スライム菌は、多種多様な形態を経る一生の中で、あるときは小型のアメーバのような姿になる。そして「団結は力なり」とばかりにいくつもの個体が結合し、やがて制御できないほどの大きさになると、ひどく不格好になったその体で水から陸に這い出て、その後は朽木や菌類を食べて生きる。人の手ほどの大きさにまで成長するものもいて、核の数は数百万にも上る。
　　　　　——Cine-Biology (1941), p.41.

引用したこの文章の中にも、さらには本全体でも、「ミクシー」や「変形菌（myxomycete）」といった言葉は一度も出てこない。その代わりに「スライム菌（Slime Fungus）」という興味深い呼び方で登場するが、特にアメーバの文脈で使われると少なからず困惑する。しかし、1833年にドイツの博物学者ヨハン・ハインリヒ・フリードリヒ・リンク（1767〜1851）が生み出した「変形菌」という語は、ギリシャ語のmyxa（"slime"＝スライム、粘液）とmyketes（"fungi"＝菌）からなり、まさに「スライム菌（Slime Fungus）」を意味する[19]。この「スライム菌」という表現は、同時代の別の書籍『The Advance of the Fungi』（E・C・ラージ著。1940）でも使われた。以下に、その書籍から粘菌の説明部分を引用する。

　　……は非常に下等な生命体だ。最初期の形

態の生命といってよいだろう。原始的な裸の原形質の生命体で、単細胞の胞子に分裂して飛散し、繁殖するので精一杯だ。この生命体が果たして動物なのか植物なのかを決めるためには、定義を考え出す必要があった。なぜなら、動物と植物という大雑把なカテゴリーのどちらの単純生物とも似ていたからだ。
　　——The Advance of the Fungi by E.C. Large（1940）, p.183.

この本の中で著者のラージは、スライム菌を「寄生生物」や、キャベツに感染する「根こぶ病の原因生物」と誤解している（根こぶ病は、この本が出版された年と同じ1940年から開始された、戦時中の配給に対する不安の種だったのだろう）。その一方で、粘菌の物理的特徴の基本説明はかなり的を射ている。前にも挙げたC・J・アレクソポロスらの手になる重要文献『The Genera of Myxomycetes』（1969）の最初の一文では、粘菌を次のように定義している。「菌類に似た生物。自由生活性、多核性、非細胞性、移動性の原形質の塊が動き回る同化段階、変形体段階、そして、一般に単純、または複雑な形状の膜質、または硬質の非細胞性の子嚢に多量の胞子を蓄える胞子形成段階を特徴とする[20]。

ブドウフウセンホコリの乾燥標本。南ロンドン植物学研究所標本室の粘菌コレクションより（© Jasper Sharp）。

*17 第一次世界大戦以前のアマチュアの伝統と職業科学者の登場に関する概要は、Films of Fact, pp.7-32を参照のこと。
*18 J. Valentine, Durden, F. Percy Smith and Mary Field, Cine-Biology (London: Pelican Books, 1941).
*19 Steven Stephenson and Henry Stempen, Myxomycetes: A Handbook of Slime Molds (Portland Oregon: Timer Press, 1994), p.14.
*20 G.W. Martin, C.J. Alexopoulos and M.L. Farr, The Genera of Myxomycetes, (University of Iowa Press, 1969, 1983 ed.), p.1.

南ロンドン植物学研究所の標本室の乾燥標本。上から順に、ムラサキホコリ（*Stemonitis fusca*）、マルホネホコリ（*Diderma globosum*）、トビゲウツボホコリ（*Arcyria ferruginea*）、ナバホネホコリ（*Diderma hemisphaericum*）、ブドウフウセンホコリ（© South London Botanical Institute）。

ちなみに、粘菌やスライム菌といった名前のものは、ほぼ同時代の、もっと菌類に限定して書かれた菌類学の教科書（たとえばR・T・ロルフとF・W・ロルフによる『*The Romance of the Fungus World*』[1925]）には登場しない。

ここまでのところで、粘菌の変形体は非細胞性（多細胞ではなく細胞壁もないが、複数の核を持つこと）であること、そして菌類とはかけ離れた生物だということがわかっていただけたと思う。その菌類の菌糸体は菌糸細胞の集合からなり、植物の根のように広がっている（ただし、植物とは異なり、毛髪状の菌糸細胞は、動物の消化系のように消化酵素を分泌し、有機物を分解して摂取する）。

粘菌の定義を作った最初の人物がドイツの博物学者、ヨハン・ハインリヒ・フリードリヒ・リンクなら、粘菌の本格的な研究に初めて取り組んだのもドイツ人だった。植物病理学の研究で知られた第一線の生物学者で、菌類学の父と称されるアントン・ド・バリー（1831〜1888）だ。粘菌に関する彼の最初の論文は『Über die Myxomyceten（変形菌について）』（1858）というタイトルだったが、その後粘菌が動くことに気づいたド・バリーは、粘菌を新たに下等動物に分類し、動菌（mycetozoa）と名付けた。ド・バリーがのちに発表した論文（1859、1864、1884）でも引き続き「Die Mycetozoen」という用語が使用されたものの、現在のドイツ語では粘菌を「Schleimpilze」（"slime fungus"＝スライム菌）と呼ぶのが主流だ。

ともあれ、変形菌（myxomycetes）という用語も動菌（mycetozoa）という用語も、その後のさまざまな論文で使い続けられているが、その選択は筆者の気分によるようだ。たとえばスミス、フィールド、ダーデンは、「スライム菌」の生態と撮影用の「スライム菌」の生育について、前作『*Cine-Biology*』よりもさらに詳しく記述した『*See How They Grow*』（1952）の中で、粘菌のことを「変形菌（myxomycetes）」、あるいは1931年のドキュメンタリーで自らが付けた略称「ミクシー」と呼んでいる（スミスら日

く、「飼い慣らされた生き物の呼び方として理にかなっている。彼らは植物学者にとって研究室の相棒なのだ」)。その一方で『See How They Grow』では、粘菌について「悩ましいグループの生命体で、その分類上の真の位置付けを巡って議論が巻き起こった」と書き、粘菌の動物的な特徴を示唆したうえで、「別名・動菌（mycetozoa）とも呼ばれる」とも述べている[21]。そして粘菌の章の最後では、根こぶ病の犯人・ネコブカビ（Plasmodiophora brassicae）も粘菌と同じグループに属すというラージの説に触れた後、ネコブカビのライフサイクルについて説明している。余談だが、根こぶ病の原因菌は最近、植物寄生生物という独立したカテゴリー、ネコブカビ類（Phytomyxea）に分類された。ネコブカビ類も粘菌と同じく原生生物界に属す。

ド・バリー命名の動菌（mycetozoa）という用語は、イギリスの粘菌研究者アーサー・リスター（1830〜1908）も著書『A Monograph of the Mycetozoa』(1894)の中で採用し、彼の死後に娘のグリエルマ・リスター（1860〜1949）が編集した改訂版でもその用語が踏襲された。外科手術に消毒液を用いることを創案した先駆的科学者ジョセフ・ロード・リスター（1827〜1912。洗口液リステリンのブランド名は彼の名が由来）を兄に持つアーサーは、イギリス菌学会の会員として精力的に活動し、1906年には会長を務めた（1912年には娘のグリエルマも会長に就任）。リスター父娘はともにロンドン東部のレイトンストーンに住み、

自宅近くのエッピング・フォレストで多くの標本を集め、大英博物館やキューガーデン、パリ自然史博物館、そしてフランスのストラスブール大学のコレクションの分類を主導した[22]。

「大英博物館（自然史）」（現・大英自然史博物館◆。1963年まで大英博物館の一部だった）から出版された前掲のアーサーの著書『A Monograph of the Mycetozoa』初版は飛ぶように売れ、ペーパーバック版も発売されるほどだった。そして1911年と1925年には改訂版も出版され、それぞれ娘グリエルマの美しい挿絵で彩られた[23]。前述のようにアーサーは粘菌のことを動菌（mycetozoa）と呼んでいたが、副題「A descriptive catalogue of species in the Herbarium of the British Museum」や、アーサーのほかの論文の主題（『Guide to the British Mycetozoa Exhibited in the Department of Botany, British Museum』）を見るに、実際のところは全く別々の界だが、粘菌は依然として菌類や植物

南ロンドン植物学研究所の標本室の乾燥標本。採集日と採集場所を記したメモが付してある。

---

* 21 Mary Field, J. Valentine Durden and F. Percy Smith, See How They Grow (London: Pelican Books, 1952), p.34.
* 22 グリエルマ・リスターの生涯について詳しくは、Mary Creese, Ladies in the Laboratory？ American and British Women in Science, 1800-1900: A Survey of Their Contributions to Research (Lanham, Maryland: Scarecrow, 1998), pp.35-36 を参照のこと。
◆大英自然史博物館には、南方熊楠が発見し、グリエルマ・リスターが新種記載した、ミナカタホコリ（Minakatella longifila）のタイプ標本など、南方が採集した標本が大切に保管されている。
* 23 コレクションは南ケンジントンのクロムウェル・ロードの別館に保管されていたが、「大英博物館（自然史）」は本文でも述べたように1963年まで大英博物館の一部だった。今では「大英自然史博物館」の名で知られるが、名称が正式に変更されたのは、ようやく1992年になってからだった。

と一緒くたに扱われていたことがわかる。

その背景には、もっともらしい実利的な理由があった。つまり、これらの「菌動物（fungus animals）」がロンドン動物園の客寄せになるとは誰も考えなかったのだ。もちろん、原生生物界（藻、原生動物、水生菌、粘菌など）専門の博物館も存在しなかった。原生生物界はいうなれば、そのほかのどの界にも当てはまらない生命体の掃き溜めだったのだ。確かに、原生生物と動物や植物、菌との共通点は、せいぜい細胞核の中にDNAが収められた真核生物であることくらいだ（この点が、バクテリアや古細菌などの単細胞原核生物との違い）。しかし現在では、原生生物こそ、高等な多細胞生物へと進化するための重要な足がかりであるというのが、科学界で主流の考え方になっている。

実際、粘菌は細胞理論の分野に大きな混乱をもたらすこととなる。『*The Genera of Myxomycetes*』を書いたC・J・アレクソポロスらも、粘菌の

ウリホコリ

ハダカコムラサキホコリ（*Stemonitopsis typhina* var. *similis*）

変形体は「単細胞多核生物でありながら、細胞壁が消え去った多細胞生物と捉えることもできる」と述べ、「無細胞（non-cellular）」生物と呼ぶほうが適切かもしれないとの見解を示した。そのうえ、変形体はライフサイクルの中のひとつの形態にすぎず、胞子とも遊走子とも全く構造を異にしているという事実が、科学者をさらに困惑させた。

展示標本が一貫していないのは、間違いなく、このように一生のうちに次々と姿形を変えてしまうという事情の影響が大きい。しかも粘菌アメーバは顕微鏡なしでは見えないし、変形体は枯れてしまうと姿を消し、残るのは複雑な模様の痕跡だけだ。子実体の乾燥標本からは、生き生きとした光り輝く美しさをほとんど窺い知ることができない。

それでもイギリス国内には、粘菌の子実体の乾燥標本が保管されている施設が3か所存在する（すべてロンドン市内）。最大規模のものは、ロンドン南西部にあるキューガーデンだ。この王立植物園には、約700万点にも及ぶ植物や菌類の乾燥標本があり、粘菌は菌類館（Fungarium）の隅の暗い倉庫のような部屋にひっそりと保管されている。『The Creeping Garden』でも登場したこの部屋は、世界最大の菌類コレクションを誇り、標本数は85万にものぼる。うず高く積まれたファイルボックスには、水虫などの真菌症の原因菌であるトリコフィトン属から、ライグラスに付着するくすんだ色の麦角菌、芳香を放つおなじみの食材（ポルチーニやシイタケ [*Lentinula edodes*]）までが収められている。

キューガーデンの菌類学部門長ブリン・デンティンガーによれば、菌類館の目的は、特定の時代に特定の場所に生きたあらゆる種の存在を記録することだという。研究者は、基準標本が集まったこのアーカイブを参照することで、新種を特定したり、新種の分布などの生物学的特性を理解したりできる。菌類館の重要性を示す例をひとつ紹介しよう。キューガーデンの科学者が最近、1845年に収集され今も保管され

ているジャガイモ疫病菌（*Phytophthora infestans*）の歴史標本のDNA配列を分析した（この菌は、アントン・ド・バリーが19世紀半ばのアイルランドにおけるジャガイモ飢饉の原因菌と特定した種だ）。その分析の結果、この菌の病原性は現在では絶えていることが確認できたのだ[*24]。

キューガーデンの粘菌コレクションがそのような発見に寄与するかどうかは、現時点では定かでない。デンティンガー自身も指摘するように、粘菌コーナーを訪れる人の数は目立って少ない。そもそも菌類館は研究者以外にはほとんど公開されていなかった。だが、ここ数年は10月に一般公開日が設けられており、その日に行けばキューガーデンの菌類学チームによる重要な研究成果を詳しく知ることができる。

粘菌の標本が常時一般公開されているのは、南ロンドン植物学研究所にある、イギリス国内で最も小規模なコレクションだけだ。その標本は、同研究所の創立者アラン・オクタビアン・ヒューム（1829～1912）の、乾燥植物の標本コレクションが収められたビクトリア様式の建物に、まるで秘宝のように人知れず保管されている。それでも粘菌標本の数は十分にあるので、足を運んでみて損はない。

大英自然史博物館にも、アーサー・リスターが『*Guide to the British Mycetozoa Exhibited in the Department of Botany, British Museum*』で分類を示した標本の多くが保管されている。この名著のタイトル通り、かつてはこれらの標本も部分的に一般公開され、広く関心を集めていた。しかし、第二次世界大戦のロンドン大空襲時に、消失を避けるために博物館の奥の人目につかないほこりだらけの部屋に移され、以来、公開されることなく現在に至っている。ちなみにロンドンの街を爆撃したその国こそ、粘菌を「粘菌＝変形菌（myxomycetes）」と命名し、世界で初めて粘菌の論文を書いた人物を生んだ、あのドイツだった。

ナメラマメホコリ、ハシラホコリ（*Dictydiaethalium plumbeum*）、サビムラサキホコリ（*Stemonitis axifera*）、キケホコリ（*Trichia affinis*）。（左と上の写真はすべて © South London Botanical Institute）。

＊24　Bryn Dentinger, 'Revolutionising the Fungarium — a Genomic Treasure │ Trove ?', *Kew Gardens news*, 12 July 2013, http://www.kew.org/science/ │ news/revolutionising-the-fungarium-a-genomic-treasure-trove.

(07 粘菌のライフサイクル

姿形を変えながら成長する粘菌の一生

　　　般の人にとっては気づきにくいかもしれないが、粘菌は思いのほか、至るところに存在する生き物だ。ヨーロッパで見つかる多くの種は、北米やアジアのみならず、世界中に広がっている。しかも生育場所は、朽木や枯死植物などが豊富な森林だけとは限らない。

　学術誌に掲載された粘菌に関する論文のタイトルを見るだけでも、粘菌の広範な生育環境に関して、世界各地で研究されていることがわかる。　たとえば、「Distribution and Ecology of Myxomycetes in Temperate Forests. II. Patterns of Occurrence on Bark Surface of Living Trees, Leaf Litter, and Dung」、「Slime-Moulds of Pennsylvania」、「Corticolous Myxomycetes in Three Different Habitats in Southern Finland」、「Tanzanian Myxomycetes: First Survey」、「Myxomycetes from Upper Egypt」、「Distribution of Myxomycetes on Different Decay States of Deciduous Broadleaf and Coniferous Wood in

a Natural Temperate Forest in the Southwest of Japan」、「Ecology of Myxomycetes of Winter-Cold Desert inn Western Kazakhstan」、「The First Record of a Myxomycete from Subantarctic Macquarie Island」 のほか、書籍の『*Biodiversity in the North West: The Slime Moulds of Cheshire*』など、枚挙に暇がない[*25]。

　野生での個々の種の生育密度や地理的分布を測る際に大きな障害となるのは、粘菌がライフサイクルの中で絶えず姿形を変えているという点だ。そのうえ、ほとんどの形態は顕微鏡なしでは視認できない。

　まずは、粘菌の典型的なライフサイクルを簡単に説明しよう。スタート地点はもちろん、胞子だ[*26]。子実体の内部で作られ一度に大量に

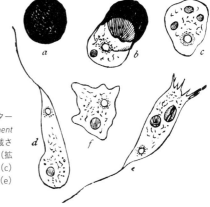

粘菌のライフサイクルの第1段階。右は、アーサー・リスターの『*Guide to the British Mycetozoa Exhibited in the Department of Botany, British Museum*』第4版（1919）の5ページに掲載されたハンゲツカタホコリ（*Didymium difforme*）のイラスト（拡大率720倍）。(a) 胞子、(b) 胞子の殻から発芽した遊走子、(c) 1つの核と3つの液胞を持つ発芽直後の遊走子、(d) および (e) 鞭毛を持つ遊走子、(f) 鞭毛を持たない粘菌アメーバ。

＊25　Steven L. Stephenson, 'Distribution and Ecology of Myxomycetes in Temperate Forests. II. Patterns of Occurrence on Bark Surface of Living Trees, Leaf Litter, and Dung', *Mycologia* vol. 81 no. 4 (July-August 1989), pp. 608-621; Bruce Ing, *Biodiversity in the North West: The Slime Moulds of Cheshire* (University of Chester Press, 2011); D.R. Sumstine, 'Slime-Moulds of Pennsylvania', *Torreya* vol. 4 no.3 (March, 1904), pp.36-38; M. Härkönen, 'Corticolous Myxomycetes in Three Different Habitats in Southern Finland', *Karstenia* 17 (1977),

pp.19-32; M. Härkönen and T. Saarimäki, 'Tanzanian Myxomycetes: First Survey', *Karstenia* 31 (1991), pp.31-54; Ahmed M. Abdel-Raheem, 'Myxomycetes from Upper Egypt', *Microbiological Research* vol. 157 no. 1 (2002), pp47-67; Kazunari Takahashi, 'Distribution of Myxomycetes on Different Decay States of Deciduous Broadleaf and Coniferous Wood in a Natural Temperate Forest in the Southwest of Japan', *Systematics and Geography of Plants* vol 74 no. 1 (2004), pp.133-142; Martin Schnittler, 'Ecology of Myxomycetes of a Winter-Cold Desert in Western Kazakhstan',

Mycologia vol. 93 no. 4 (Jul-Aug 2001), pp.653-669 and Steven L. Stephenson, Rodney D. Seppelt and Gary A. Laursen, 'The First Record of a Myxomycete from Subantarctic Macquarie Island', *Antarctic Science* vol. 4 no. 4 (December 1992), pp.431-432.

＊26　詳しい説明は、Stephenson and Stempen, *Myxomycetes: A Handbook of Slime Molds*、Martin, Alexopoulos and Farr, *The Genera of Myxomycetes*、Field, Durden and Smith, *See How They Grow*, pp.34-38 を参照のこと。

粘菌の子実体。おそらくウツボホコリ属
（Arcyria）の一種、ウツボホコリ（*Arcyria
denudata*）だろう。左にムカデが徘徊し
ている（© Mark Pragnell）。

放たれる胞子は、大半が球状で、直径は5〜15μm（マイクロメートル）ほど。風に乗って飛ばされ、好適な環境に落ちると、発芽して1〜4個の原形質体になる。この生きた細胞は細胞質とひとつの核を含むが、細胞壁は持たない。そして周囲の湿度が十分に高いと、鞭毛というムチ状の尾が1本生え、泳ぎまわり始める[1]。

鞭毛を持つ細胞は遊走子と呼ばれ、鞭毛を持たない細胞は、アメーバの状態であることから粘菌アメーバと呼ばれる。

生存のためにバクテリアを捕食する遊走子と粘菌アメーバは、その後、どちらも二分裂を繰り返して大きなコロニーを形成する。その分裂

子供の遊び場に立つ朽木の幹に付着していた単子嚢体型の子嚢。このような枯れた子実体は、見過ごしたり別のものと見間違ったりしてしまいがちだ[3]。

時に遊走子は鞭毛を引っ込め、分裂後に再び鞭毛を生やす。一方、粘菌アメーバは、食料が枯渇するか、何らかの形で生育環境が悪化（過度の乾燥など）すると、硬い保護壁を形成して実質的な休眠状態に入る。この休眠状態は、環境が好転するまでの間、長期にわたって維持できる。

粘菌アメーバと遊走子の数が臨界数量に達すると、互いに融合して次の形態になる（前掲のパーシー・スミスとメアリー・フィールドの映画『Magic Myxies』では、この過程の詳細な顕微鏡映像を見ることができる）。粘菌アメーバも遊走子も、半数体（染色体を1セットしか持たない個体）であり、性の異なる半数体どうしが数時間かけて融合し（＝有性生殖）、両方の親の染色体を1セットずつ含む二倍体の接合体になるのだ。この接合体は捕食を続け、細胞分裂ではなく核分裂を繰り返すことによって、やがて変形体へと成長する。変形体は肉眼で確認できるほど大きく、その1つの巨大な細胞は、数千を優に超える数の核を持つ（何度も引用させていただいているスティーブン・スティーブンソンの言葉を再び借りれば、大きな変形体の核数は「ほとんど理解不能なほど多い」）。

粘菌が度肝を抜く振る舞いを見せるのは、この非常に特異な非細胞形態のときだ。変形体は、食料となる微生物を求めて体を四方八方に伸ばし、血管のようなネットワークを形成する。そのうえ、未融合の遊走子や粘菌アメーバをも餌にするという、変わった共食い行動を示すのだ[2]。

◆ 1　実際は、鞭毛は2本あり、1本は細胞に沿っていることが多く、顕微鏡でも確認しづらい。
◆ 2　樋口源一郎監督の作品にその様子が撮影されている。

ススホコリの変形体が集合し、着合子嚢体型の子実体を形成している様子（© Mark Pragnell）。

ムラサキホコリの特徴的な単子嚢体型の子嚢。

アーサー・リスターによるオオムラサキホコリ（*Stemonitis splendens*）のイラスト（1919）。(a) 密集した有柄の細長い単子嚢体（原寸大）、(b) 子嚢を構成する細毛体の網目。軸柱から細毛体が伸びている（拡大率42倍）。

変形体の段階では、その巨大な体で移動することができ、餌場に体を伸ばしたり、餌の乏しいほうに伸びた体を引っ込めたり、あるいは危険な物質を避けたりもする。この変形体は、粘菌の名前の由来となったネバネバで覆われていて、粘菌が通過した場所にはこの粘液の跡が残る。粘液の跡は原始的な記憶のような働きをし、粘菌はこの跡を頼りに物色済みの場所を認識する。このように、複雑な模様を描いたり外的刺激に対して複雑な反応を見せたりすることから、一部の研究者は粘菌に知性があると考えるに至った。粘菌の振る舞いについては、また後で詳しく説明したい。

粘菌アメーバの休眠を引き起こすような厳しい環境にさらされると、変形体は密集して、乾いた硬い小さな塊（＝菌核）を形成する。このときは、一つひとつの小さな休眠体が膜で覆われた状態になる。重要文献『*The Genera of Myxomycetes*』をまとめた G・W・マーティン、C・J・アレクソポロス、M・L・ファーによれば、粘菌を一時的に殻にこもらせる刺激となるのは、「乾燥、不適な高温または低温、食料の不足、pHの低下、浸透圧の上昇、亜致死量（致死量にまでは達しない量）の重金属の吸収」などだ。

菌核は簡単に変形体に戻るので、研究室用の粘菌標本はこの休眠状態で提供される。

休眠状態にならなかった場合、変形体は、最後の胞子形成段階へと移行する準備が整うと、すでに述べたような多様な子実体を形成する。スティーブンソンによれば、子実体形成のトリガーはいまだに不明で、子実体形成の複雑なプロセスについてはほとんど解明されていない[4]。

ここでは、子実体の最も一般的なタイプの単子嚢体に絞って簡単に説明しよう。要点だけを説明すれば、まず変形体が密集してこんもりとした山ができ、互いをつないでいる原形質の管が内部に吸収され、いくつもの小さな塊ができ

多くの粘菌の子実体は非常に小さいため、見た目だけで種を同定することは困難だが、これは十中八九、ホソエノヌカホコリ（*Hemitrichia calyculata*）だろう。

◆3 これらは子実体の形成途中に、未熟で固まった可能性がある。この場合、胞子が形成されない場合が多い。

◆4 子実体形成に必要な条件として、光の刺激や餌の不足、水分過多でないことなどが示唆されている。また、それ以前に、子実体を形成するためには最低限の大きさの変形体でなければならない。

モジホコリ科の白い粘菌が枯れた残骸。おそらくシロススホコリだろう。ススホコリと同じく、英語圏ではDog Vomit（犬のゲロ）とも呼ばれるヤニホコリと混同しそうだが、ヤニホコリは一般に草を好む。

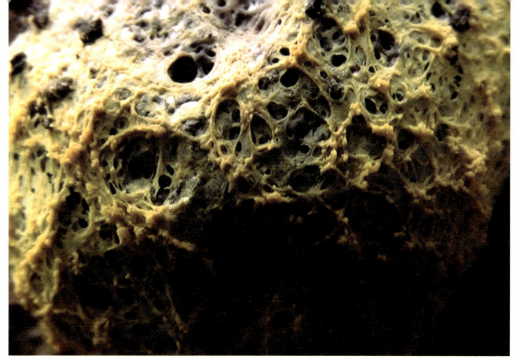

ススホコリの乾燥した着合子嚢体。今にも破けて、胞子を飛ばしそうだ。

る。その後、個々の塊が上に向かって伸び、微小の子実体となる。この様子について、パーシー・スミスらは前述の書籍『*See How They Grow*』の中で詩的に表現している。「原形質は、まるでマスタードの小さな種のような粒になり、内部で胞子が形成されてからすべての胞子が放出されるまでの間、色とりどりに変化する。この一連のプロセスは、およそ1日で完了する。観察も簡単なので、タイムラプスの被写体としてうってつけだ[27]」。

変形体が分裂し、特殊な単核細胞が胞子へと成長し、その胞子が飛ばされて次の世代が生まれる——この神秘的ともいうべきプロセスは、着合子嚢体型などの子実体でも大きくは変わらない。しかし、こうした無数の色や形への驚くべき変化をもたらす情報が、巨大な非細胞性多核体のDNAの中にどのように収められているかは、まだよくわかっていない。これほど原始的な生物◆の生命でさえ、その複雑さは、現代の科学者やバイオエンジニアの理解の範疇を超えているのだ。とはいえ、粘菌は巨大な単細胞

の状態が長いため、人々を魅了してやまない自然の不思議を解明するための研究対象として、これ以上望ましい生物はいないだろう。

なお、マーティン、アレクソポロス、ファーは、一部の種の特徴のひとつとして、柄や子嚢上部にできる石灰質の結晶の存在を指摘している。「なんなら鉱物になることもできるかもしれません」という『Magic Myxies』冒頭の指摘は、あながち間違いではなかったようだ。

アーサー・リスターによるヤニホコリのイラスト（1919）。(a)着合子嚢体（原寸大）、(b)内部の細毛体と炭酸カルシウムの結晶、および2個の胞子（拡大率200倍）。

---

*27 *See How They Grow*, p.37.

◆考え方によっては、単細胞として、最大限進化した生き物であるともいえるかもしれない。

08 粘菌の生育
自宅での育て方

粘菌の誕生から生殖までの全過程を野外で観察するには、当然ながら、数々の難題が研究者たちの前に立ちはだかる。ごく微小の粘菌アメーバや遊走子段階の粘菌を見つけることが不可能であるのは明白だが、変形体段階の個体でさえ、多くの種はすみかとしている木の表面に姿を見せることはまれだ。だからといって、倒木を1本1本ひっくり返したり、腐った樹皮をはがしたりしてみても、たまにしかお目にかかることはできないし、運良く見つけたとしても、大半の種は肉眼で正確に同定することは不可能だ。そのうえ、すでに書いたように、たいていの子実体は非常に小さい。

そんな粘菌の観察を可能にした方法が、湿室培養法だ。湿室培養法は、H・C・ギルバートとG・W・マーティンが論文「Myxomycetes Found on the Bark of Living Trees」（1933）で初めて提唱した方法で、スティーブン・スティーブンソンとヘンリー・ステンペンの『Myxomycetes: A Handbook of Slime Molds』（1994）で概略が説明されている[*28]。これは専門器具を必要としないので、誰でも実践可能だ。基本的にはまず、朽木の樹皮、落葉、落枝などの有機物を適当に拾ってきて、「湿室」内に敷いた濡れ紙の上に置く。「湿室」は、ペトリ皿など、蓋付きの浅い容器なら何でもかまわない。ごく微小の遊走子や粘菌アメーバは、拾ってきた有機物のどれかには含まれているはずだ。そして、数週間ほど根気よく待つ。1日1回くらいの頻度で確認して、培地が干上がりそうだったら湿気を足し、何かが顔を出していないか観察する[◆1]。

しかし『The Creeping Garden』の撮影では、湿室培養法は結局一度も使用せず、被写体の粘菌は野外で撮影した。ただし「Slimelab（粘菌ラボ）」のシーンでは、アメリカのカロライナ・バイオロジカル・サプライ社から菌核の状態で入手したモジホコリの培養体を、寒天培地で育てたものを使用した。映画に協力してくれたアーティストや科学者もこれと同じモジホコリの培養体を使用しているが、スティーブンソンによれば野生ではあまり見られない種だという[◆2]。

湿室培養のためにススホコリの変形体の小片を家に持ち帰る[◆3]。
◆3 ススホコリは比較的培養しやすい種類であるが、カビを取り除くべく、まめに植え継ぐことが必要である。

*28 Stephenson and Stempen, pp.39-44; H.C. Gilbert and G.W. Martin, 'Myxomycetes Found on the Bark of Living Trees', University of Iowa Studies in Natural History 15 (1933), pp.3-8.

◆1 ペトリ皿以外には、ある程度密閉できるタッパーや使い捨ての弁当箱のようなものが有用だ。培地から子実体が出現するまでに数週間かかることもあるので、まめにチェックしつつ、待つしかない。餌であるバクテリアが増え、かつ成長を邪魔するカビのようなものが増えないことが重要だ。

◆2 日本の野外では、さらにまれにしか見つからない種である。

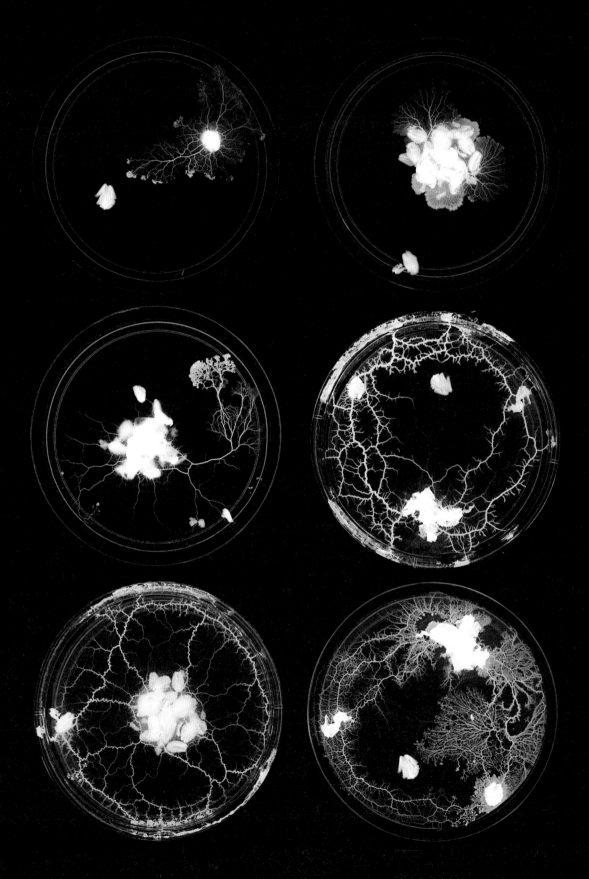

さまざまな形に成長したモジホコリ。

上と左の写真：
カロライナ・バイオロジカル・サプライ社から
入手したモジホコリの菌核。

　モジホコリの培養はシンプルそのものだ。モジホコリを注文すると、乾燥状態の菌核が貼り付いた紙片が送られてくる。一度購入すれば、これはしばらくの間もつ。というのも、変形体が研究者にとって都合のよい性質を持っているためで、追加の標本が必要になった場合は、培養体を二分割するか、もしくは小片を切り取ればよい（反対に、複数の変形体を融合させると、大きな単細胞の個体になる）。分割した変形体は、餌がなくなって乾燥するとまた菌核に戻るので、半永久的に乾燥菌核を供給し続けられる。たいていの研究者なら、ねだれば快く分けてくれるだろう。

　菌核を置く基材は、キッチンペーパーなど保湿性のあるものなら何でもよいが、理想は寒天だ。寒天なら、あらかじめ煮沸し、殺菌してから容器に入れることで、培地を有害な菌や微生物の感染から守ることができるからだ。容器は基本的に寒天や原形質が干上がらないものであれば何でもよいが、映画の撮影では、さまざまな大きさのペトリ皿を用意し、結露で映像がぼやけないよう蓋を外して使用した。そうして菌核を湿った培地に入れると、変形体がすぐに姿を現した。変形体が描く模様は、ペトリ皿内の誘引物質（＝餌）と忌避物質（＝塩など）の配置である程度コントロールすることができる。

粘菌の家となるペトリ皿に寒天を流し込む。

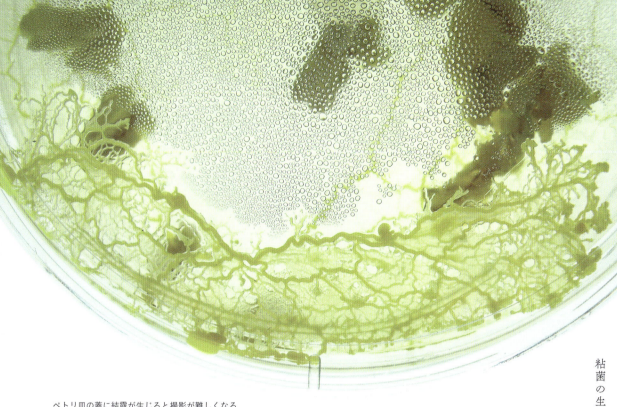

ペトリ皿の蓋に結露が生じると撮影が難しくなるが、蓋を外すと粘菌が干上がるリスクがある[1]。
◆1 上蓋を外し、水滴発生防止の加工を施したガラス板をのせて撮影すると、うまくいくことがある。

モジホコリは室内での授業や研究にはおあつらえ向きの粘菌だが、パーシー・スミスが前掲の『Magic Myxies』の"主演"にブドウフウセンホコリを選んだのは興味深い。その理由は、「煮沸した酵母菌、パンくず、甘ショ糖を与えたところ、最もよく育ち、捕食後にリン酸アンモニウムを残した」からだという。とはいえ、『The Genera of Myxomycetes』をまとめたW・マーティン、C・J・アレクソポロス、M・L・ファーによれば、「モジホコリ属の一部の種はブドウフウセンホコリに非常に似通っていて」、同じく卵の黄身のような毒々しい黄色のネットワークを形成するので、どちらも映画のスクリーンでよく映える（もっとも、『Magic Myxies』は白黒映画だったわけだが）。 ともあれ『Magic Myxies』では、スミスが長さ3cmの糸の橋を粘菌に渡らせて「より快適な環境へと移動」させたシーンは、ひときわ目を引いた。

ティムが自宅のキッチンでモジホコリを培養することに慣れてきた頃、さっそくラボ育ちの"キャスト"を増やすことに成功した。だが残念ながら、カメラを回していない夜中のうちに急速に姿を変えてしまい、すんでのところで撮影を逃したこともあった。それは、森での採集を始めた頃のことでもある。私たちは何度か、樹皮の下に白い半透明の小さなツブツブを見かけたことがあった。知識がなければ何かの虫かカタツムリの卵と見間違えてしまっただろうが、

タイムラプス動画を撮影するための機材をセットアップ。ペトリ皿をライトボックスにのせ、下から煌々と照らす[2]。
◆2 最近はLEDの使用により、電球の熱による影響を排除できるようになった。

あるときティムがそのサンプルを家に持ち帰り、モジホコリの培養に使用したものと同じ寒天培地に置いてみた。すると翌朝、目を覚ましたときには、拾ってきた小片はひとつの球状のものに変化し、そこから髪の毛のような黒い柄が生え、その先に1cmほどの長さの、肉のようなピンク色の突起が付いていたのだ。このときは比較的簡単にムラサキホコリの一種、おそらくサビムラサキホコリだと同定できた。のちにわかったことだが、拾ってきた粘菌のサンプルはすでに子実体形成の真っ只中にあり、ペトリ皿に移されるやいなや、そのプロセスを再開していたらしい。

この発見はいくぶん雑な形ではあったが、野生とはかけ離れた管理環境下で粘菌の振る舞いの詳細を目撃することができた好例といえるだろう。粘菌の遍在性を示す実験は、1967年にすでにエルマー・E・デイビスとウィニフレッド・バターフィールドの論文「Myxomycetes Cultured from the Peel of Banana Fruit」に詳細に記述されている。熱帯地域から出荷されてきたバナナにクロゴケグモなどの猛毒生物が忍び込んでいたという、身の毛もよだつような話はよく聞くが、その論文によれば、バナナの

朽木の樹皮の一部から採集した標本を寒天培地の上に置いたところ、サビムラサキホコリと思われる粘菌の完全な子実体が形成された[*1]。
◆1 このように子実体の形成途中のものを採集して、それを寒天上に置けば、その続きを行わせることがしばしば観察できる。

皮にはほぼ確実に粘菌が眠っているようだ[*29]。

デイビスらは、市販のさまざまなバナナの皮を2〜3cmほど切り取り、湿室培養法を実施した。すると14〜30日後には、バナナの皮と、基材に用いたフィルターペーパーの上に変形体が育っているのが確認できた。そこで、その変形体の小片をペトリ皿に移し、蒸留水で湿気を保ったところ、3〜11日後に形成された子嚢から、いくつもの種を同定することができた。最も出現頻度が高かったのがゴマシオカタホコリ（Didymium iridis）で、そのほかにはユガミモジホコリ（Physarum compressum）、クダマキフクロホコリ（Physarum gyrosum）、そしてサラノ

左と上の写真：
ペトリ皿からの脱走を試みるモジホコリ[*2]。食料や湿気を求めて遠くへ行こうとしているのだろう。
◆2 ペトリ皿で培養する際には、古い培地から新しい培地に一部を植え継ぐことが必要だ。しかし、その作業が遅くなってしまうと、このような事態を招く。ペトリ皿の外に出ないまでも、上蓋を這い回ることがよくある。

ペトリ皿の餌に生えたカビを覆うモジホコリ。粘菌自体は人間には無害だが、カビは有害な可能性がある。

セムラサキホコリが確認できたそうだ。さらに、同定こそできなかったものの、ウツボホコリ属の一種も確認したという。パナマやホンジュラスからバナナに乗って、これらの粘菌がやってきていたのだ。

　バナナの皮に菌核や変形体の痕跡は確認できなかったが、デイビスとバターフィールドは、風や虫によって運ばれた胞子が皮に付着していたに違いないと結論づけた。この実験は自宅で簡単に再現できる。子実体の発生が最も期待できるのは有機栽培のバナナだが、デイビスらの論文によれば、次亜塩素酸ナトリウム溶液で殺菌した皮からでも、変形体を生じさせることは可能だったという。胞子の強さには、つくづく驚かされる◆3。

　かといって、なにも警戒まですることはない。どの状態の粘菌も、人間には全くの無害だ。ただし、ペトリ皿内部の湿潤な環境に寒天（または紙片）の基材とさまざまな餌を置いておくと、菌類やバクテリアなど空気中にいる微生物の胞子が意図せず付着して、どうしても二次感染が起きやすい。粘菌の餌になる菌もいるが、粘菌

にとって有害な物質を産生する菌が感染した場合、粘菌は菌核に姿を変えてしまう。こうした侵入者を肉眼で確認するのはまず不可能なので、新たに用意したペトリ皿に変形体を定期的に引っ越させるのがベストだ。

　つまるところ、人間に有害な粘菌はひとつも知られていない。事実、スティーブンソンによれば、メキシコのベラクルス州に暮らす先住民

ペトリ皿の写真。オーツ麦（餌）へと体を伸ばす変形体、粘菌が通った部分に残された乾いた粘液、変形体を生じた菌核（ペトリ皿内の右上）、子実体が形成された場所（ツブツブ）が確認できる。

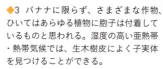

＊29　Elmer E. Davis and Winifred Butterfield, 'Myxomycetes Cultured from the Peel of Banana Fruit', *Mycologia* vol. 59 no. 5 (Sep-Oct, 1967), pp.935-937.

◆3　バナナに限らず、さまざまな作物、ひいてはあらゆる植物に胞子は付着しているものと思われる。湿度の高い亜熱帯・熱帯気候では、生木樹皮によく子実体を見つけることができる。

たちの中には、マンジュウドロホコリの変形体や未熟な子実体を炒めて食べる民族がいるという。しかも、その珍味の呼び名はスペイン語で「caca de luna」（「月のうんち」の意）だというから、食欲をそそらないという点では、ススホコリの英語での通称“犬のゲロ”といい勝負だ。

ただし、この珍味を除き、粘菌は人間の食生活や社会活動とはほとんど交わらないし、生態系全体の中で果たしている役割もはっきりしない。過去には、植物病原体の可能性が指摘されたり、生態系内の分解者に位置付けられたりしていたが、これらの説は、遊走子と変形体の主な栄養源がバクテリア、酵母菌、キノコの菌糸など、腐食と結びつきの強い生物ばかりであることからくる、いわれのない濡れ衣だろう。

粘菌の変形体は、食料を探すとき、周囲の科学物質の濃度差に反応して行動を起こす。この性質を「走化性」（そうかせい）というが、これにより食料がありそうな方向へ体を伸ばし、栄養源を見つけるとそれを体で包み込むのだ。そして食料は、「食作用」というプロセスによって小さな粒子の単位で細胞内に取り込まれ、分解される。食作用は、原生生物などの単細胞生物で見られるほか、人間の免疫系においても、病原を取り除くプロセスの要（かなめ）だ。

そうして吸収された粒子は、原形質流動（細胞質流動とも呼ばれる）の脈動リズムに乗って粘菌の体内を循環する。液状の細胞質が一定の方向に流れることで、栄養や細胞構成物（たとえば、タンパク質や細胞小器官などの特殊な構造体など）が

細胞中に運ばれる現象は、粘菌特有のものではなく、植物や菌類でも起こる。だが、こと粘菌の原形質流動は、見る者を釘付けにする。変形体を顕微鏡下に置くだけで、時間を早めずとも観察できるのだ。

なお、マーティン、アレクソポロス、ファーは、原田幸雄やジェームズ・ケーフェニッヒ＆エドウィン・リューの論文を引用し、一部の種の変形体はキノコの商業栽培に有害であるだけでなく、生木などの植物のセルロースを分解する可能性を指摘している[30]。さらに、ステフィーブソンがいうように「含水量が多く、微生物の数も多く、栄養分が豊富」な動物の糞の上に育つ種がいることもわかっている[31]。こうした糞には大量の虫も集まってくるが、胞子の飛散が妨げられることはまずない。一部の甲虫類、とりわけタマキノコムシ科の*Anisotoma horni*と*Agathidium oniscoides*（いずれも和名なし）は、粘菌の子実体の周りをちょこまかと動いているのがたびたび目撃されていて[2]、『The Creeping Garden』の撮影中にもたまたまその

変形体の原形質流動を顕微鏡で観察するキューガーデンの菌類学部門長、ブリン・デンティンガー。

*30 原田幸雄「おがくず栽培ナメコに発生した一変形菌*Badhamia utricularis*[1]の生物学的諸性質」『弘前大学農学部学術報告』1977年、第28号、32-42頁およびJames L. Koevenig and Edwin H. Liu, 'Carboxymethyl Cellulose Activity in the Myxomycete *Physarum polycephalum*', *Mycologia* vol. 73 no. 6 (1981), pp.1085-1091.
◆1 *Badhamia utricularis*の和名はブド

ウフウセンホコリ。自然環境でもキノコを食べており、キノコの近くで子実体を形成していることが多い。キノコナカセホコリという別名もある。
*31 Stephenson and Stempen, pp.57-58.
◆2 日本では、ツヤヒメキノコムシ、クリイロヒメキノコムシ、マルヒメキノコムシなど、ヒメキノコムシの仲間が腐木上に形成されたムラサキホコリ科やア

ミホコリ科などの子実体をよく食べている。これらの甲虫は粘菌に依存していて、ライフサイクルが短く、成虫だけでなく、幼虫も子実体を食べている。こうした虫に胞子を食べられても、それを運んでもらえるという利点もあり、粘菌はこれらの虫に完全には依存していないものの、相利共生の面もあるといえる。

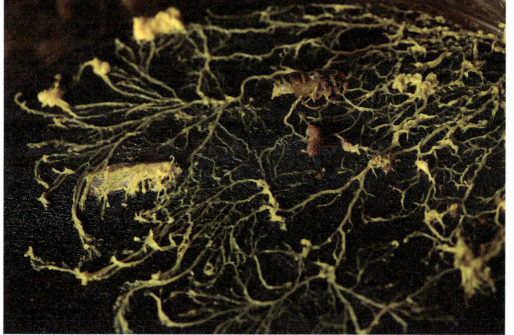

さまざまな虫の死骸を包み込む変形体。虫を食べているように見えるが、実際は虫に付着したバクテリアを捕食している可能性が非常に高い（© Heather Barnett）。

映像を撮ることができた。また、ニコラス・マネーによれば、変形体が這った跡には単純な酵母菌（菌界サッカロミセス目ディポダスカス属）のコロニーが育つことが多い[32]。

こうした学名の数々は、日常生活とは無縁の難解な知識が膨大に存在することの証左だが、それはさておき、ここで伝えたいのは、粘菌は決して生物圏における有機物の循環にタダ乗りしているわけではないということだ。

私たちが培養したモジホコリの餌に選んだのは、オートミールだ。加熱・非加熱を問わずどちらも好むようだが、それもそのはず、ほとんどの場合、モジホコリが実際に捕食しているのは炭水化物の塊の上を這う微生物なのだ（映画内で詳しく説明した、虫の死骸を餌に使ったヘザー・バーネットの実験がその証拠）。

ただし、優れた奇作『Physarum Machines: Computers from Slime Mould』。（内容についてはのちほど詳しく触れる）の中で、ブリストルの西イングランド大学・国際アンコンベンショナル・コンピューティング・センター教授のアンドリュー・アダマツキーは、「粘菌は食通である」という幻想に関する自身の研究について詳述したうえで、「オートミールの重要性は誇張されている」と結論づけた[33]。アダマツキーのラボの粘菌は、ハチミツやリンゴに対しても同等の食欲を見せたといい、最も好んだのはハチミツと粉砂糖で、以下は順に、大きな砂糖の結晶、砂糖をまぶしたオートミール、ヘルシーなプレーンのオートミール、ランチョンミートの卵白がけだったという。どうやら、「変形体は、オートミールの粒に限らず、あらゆる微粒子を吸収する」というのが真相のようだ。

どのような餌を選ぶにしても、誘引物質と忌避物質を使いこなすことによって、粘菌の振る舞いをコントロールすることができる。ともすると、人間の理解の範疇を超えて振る舞うように見える粘菌と、意思疎通さえできるかもしれないのだ。

＊32 Nicholas P. Money, Mr. Bloomfield's Orchard: The Mysterious World of Mushrooms, Molds, and Mycologists (2002), p.73.（小川真訳『ふしぎな生きものカビ・キノコ：菌学入門』築地書館、2007）

＊33 Andrew Adamatzky, Physarum Machines: Computers from Slime Mould (World Scientific, 2010), p.19.

09 粘菌の撮影法を考える

表現手段と伝達方法、タイムラプス撮影

「もし知覚の扉が浄められるなら、あらゆるものはそのありのままの姿の無限を人に顕わすであろう。人間は、自分を閉じこめた結果、遂には万物を自分の洞穴の狭いすきまから覗くようなことになってしまったのである」

── ウィリアム・ブレイク「天国と地獄の結婚」（寿岳文章訳『ブレイク詩集』岩波書店、2013 年より）

「ま だ見たことのないものがあったなんて！」。1945年の映画『魔境のターザン』(カート・ニューマン監督) の重要なシーンで、ターザンの養子の少年（ボーイ）はそう叫ぶ。ちなみに、この映画はジョニー・ワイズミュラー主演のターザンシリーズ12作品の9作目にあたるが、もはやエドガー・ライス・バローズの冒険小説『類猿人ターザン』の色はわずかにしか感じられない。映画の中でターザンは、断崖絶壁の峡谷にかかる危険な橋をこっそりと渡り、豹皮の服を着た妖艶な女たち（女豹族）が住む秘境のジャングル都市に姿を消す。その都市を初めて目にしたボーイが発したのが冒頭の言葉だが、思春期の少年にそういわせるとは、何とも気の利いた冗談だ。

『魔境のターザン』のセリフ回しは、見事に洗練されていて、ウィットに富んでいる。作中では、実の父親との縁を切って自立しようと意気込むボーイが、身近な世界の裏側に隠された未知の存在に初めて気づく様子が、前述のシーンとは別の角度からも描かれている。

映画の序盤、デパートや市街電車の土産話とともに、妻ジェーンがイギリスから、予定より遅れてターザンのもとに帰ってくる。しかし、ジェーンは帰路で出会った科学者と水中銃を携えた男たちの一団を引き連れており、ターザンは大いに失望する。間もなくして、女豹族の都市を初めて目にしたときの光景をまだ受け止めきれないでいたボーイを、次なる衝撃が襲う。科学者に顕微鏡を覗かせてもらった少年が目にしたのは、自分が口にしたきれいな湧き水の中をうじゃうじゃと泳ぐ微生物の姿だった。

当然ながらターザンは、自分の治める動物世界が外界の知識によって汚されることを危惧するが、のちに、科学者たちの狙いは女豹族の都市にある失われた秘宝であることが明らかになるのだった──。

ターザンシリーズの多くの作品には、フロイト（1856〜1939）の精神分析学的要素が、水底の闇に隠れた獰猛なワニのように潜んでいる。本作では、テクノロジーを強く忌避するターザンの恐怖心と、周囲の世界の不思議に気づき始める少年との間の緊張が巧みに描き出されている。この緊張が示すのは、社会状況の変化だ。つまり、世界大戦を境に科学が頼りないアマチュアの手を離れ、政府機関や民間企業で秘密裡に実践されるようになり、一般大衆から遠い存在になった結果、"近代文明的"な観念が次々と槍玉に挙げられるようになったのだ。

ターザンシリーズ恒例のユーモアたっぷりのエンディングも示唆的だ。招かれざる客が放置していった1本のダイナマイトに、やんちゃなチンパンジーのチータが虫眼鏡でうっかり点火してしまう。その結果、自分で作った原始的な釣り竿ではほとんど魚がかからなかったのに、ダイナマイト1発で魚を一網打尽にすることにチータは成功するのだ。

この『魔境のターザン』が公開された1945年4月29日のわずか数か月後、広島と長崎への原子爆弾投下によって、人類は科学が開けてしまったパンドラの箱から放たれた、おぞましい真の恐怖を目の当たりにするのだった。

粘菌の着合子嚢体を撮影するティ
ム・グラハム。肉眼ではよくわか
らないが，時間と空間を引き伸ば
すことで，振る舞いの隠れたパタ
ーンが立ち現れてくる。

19世紀の幻燈ショーのスライド。藻類の一種であるケイソウが映っている。自然界の隠れた秘密を表現するだけでなく、一般大衆を教育する目的で使用された、初期の光学技術の一例だ。

『魔境のターザン』におけるレンズの使用は、明らかに、原始的な無知とテクノロジーの力とを分け隔てる重要な境界を指し示している。事実、17世紀の科学革命の要を担っていたのは光学だった。オランダの科学者アントニ・ファン・レーウェンフック（1632〜1723）は、単眼式顕微鏡の接眼レンズを通して、初めて単細胞の「微小動物（animalcule）」を目の当たりにし、この発見によって微生物学と細菌学が興った。科学的知識の普及において大きな一翼を担ったのもまた、レンズだった。レンズのおかげで、そうした知識を人々の視覚に訴えることができるようになったのだ。19世紀の幻燈ショーがその最初の例で、続いて1895年の映画誕生後には、最初期の科学映画が登場した。この頃には、映画技術によって時間を早めたり遅くしたりすることも可能になっていた。

フロイトの精神分析学といえば、1895年は初期の重要文献『ヒステリー研究』が発表された年だ。『ヒステリー研究』は5つの事例研究をまとめた書籍で、共著者のヨーゼフ・ブロイアーは、人間の脳のさらに隠れた働きを指摘した。また、ヴィルヘルム・レントゲン（1845〜1923）がX線を発見したのも1895年だ。こうした数々の発展が組み合わさることで、人々の思考に大きな地殻変動が起こり、自分自身や世界の中での自分の存在に対する見方が変わっていった。『The Creeping Garden』では前述（6章）のよ

うに、ティモシー・ブーンが登場するシーンでパーシー・スミスとメアリー・フィールドによる映画『Magic Myxies』を軸に据えたが、これは、視聴者の目には作品の主旨から後退するように映ったかもしれない（本章冒頭での『ターザン』の映画批評もしかり）。しかし、粘菌の変形体が描く模様を構想の柱とし、そこからさまざまなアイデアへと発展させていくという案には、当初から興味があった。そうすることで、粘菌を取り巻く世界を、より取りとめなく探索していくことができるからだ。また、ゆったりと動く、つかみどころのない生命体（変形体は1時間におよそ1cmの速さで動く）の姿を明らかにするために、マクロ撮影、顕微鏡撮影、タイムラプス撮影をふんだんに用いるからには、ドキュメンタリーのどこかの部分で、粘菌自体の話だけでなく、粘菌の撮影法の問題についても触れる必要があった。

マクロ撮影とは、小さな物体や細部を実際よりも大きく撮影する方法で、本質的にはクローズアップと変わらない。顕微鏡撮影は、顕微鏡を通して被写体を撮影し、肉眼では見えない細部を見せる手法だ。そしてタイムラプスは、再生時のフレームレート（コマ数）よりも少ないフレームレートで動画を撮影することで、数時間の出来事を数秒で見せる技術だ。どの技法を用いるにしても、見る者と見られる者の関係性が根本から再定義される。これらの撮影手法を

用いた初期の科学映画について、ハナ・ラン
デッカーは雑誌論文「Microcinematography
and the History of Science and Film」(2006)
の中で次のように述べている。

　映画を作る側も見る側も、映画が映し出
した現実に心を奪われたと述べた。つまり、
動画には、物事をまざまざと映し出すとい
う明確な実利的効果だけでなく、いくぶん
曖昧ではあるが、静止画よりも現実感が増し、
被写体のありのままの姿を感じられるとい
う効果もあったのだ。また同時に、視聴者は
その現実を見ることを可能にした技術を忘
れ去ることはできなかった。彼らが目にした
のは単なる現実ではなかったからだ。それは、
顕微鏡を覗き込む孤独な生物学者によって
独占されてきた現実であり、科学の力によっ
て一般大衆に開かれた現実だった[*34]。

「見ることは知ること」というのはその通り
で、実際、私たち人間の認知の枠組みは、主に
世界を観察することによって作られる。そして
新しい可視化技術や表現技術によって、その観
察の幅はさらに広がる。映画はそもそも視覚的
なメディアだが、あくまで表現の一形態にすぎ
ず、映画だけで粘菌の全形態の振る舞いをすべ
て捉えることは望むべくもな
い。スミスがタイムラプス撮
影法を考案したこと、そして
『Magic Myxies』でさまざま
な顕微鏡映像と組み合わせて
劇的な効果を作り出したこと
をティモシー・ブーンが紹介
したシーンは、そのほかのも
っと抽象的な表現手法を理解
するうえで必要不可欠なよう
に思えた。

それぞれの手法はのちの章で詳述するが、モ
ジホコリの内部の状態を調べるにあたっては、
可聴化[◆1]、粘菌の電気信号を頭脳にマッピング
したロボット、シンボリックなパターンを描き
出すジェフ・ジョーンズ作の粘菌シミュレーシ
ョンデータなどを使用した。さらには、ダンカ
ン・ブラウン特製の、エーテル[◆2]内を通過する
胞子の3D・CG映像をはじめ、私たちもさまざ
まな表現手法を模索した。

　映画は、表現媒体でありながらコミュニケー
ション媒体でもある。そういう意味で、ティ
ムと私の映画『The Creeping Garden』は、
1920〜1930年代のジャン・パンルヴェや英国
教育映画社（British Instructional Films）の一般
大衆向けの科学映画の伝統を忠実に汲む作品だ
と思う。また、科学者でない人たちと科学を結
びつけるということにおいて、私たちの取り組
みの独自性とは何かを意識するべきだとも考え
た。たとえば、人々をロープでつなぎ、巨大な
単細胞になりきって行動してもらうというヘザ
ー・バーネットの「Being Slime Mould（粘菌
になりきろう）」企画や、グランドピアノを使っ
て聴衆と粘菌を音楽的に結びつけたエドゥアル
ド・ミランダの試みとの違いを示すにはどうす
るか——。

　そこで考えたのが、くぼんだスライドに生き

ダンカン・ブラウンが作成した、粘菌の胞子のCGモデル[◆]。見えないものをクリエ
イティブに可視化する方法の一例として、『The Creeping Garden』で使用した。
[◆]胞子の表面には、種類によってさまざまな模様が見られる。たとえばイボ状、とげ状、帯状、
網目状など。

*34　Hannah Landecker, 'Microcin-
ematography and the History of Sci-
ence and Film', Isis 97 (2006), p.129-
130.
◆1　データを音に変換する技術。
◆2　エチルアルコールと濃硫酸との反
応によって得られる無色の液体で、麻酔
剤や溶剤として使用される。

た虫をのせたりすることで教育とエンターテインメント、ホラーを同時に達成しようとした、19世紀の幻燈ショーを紹介することだった。

　私がティモシー・ブーンと出会ったのは、2012年9月にロンドン映画博物館で開催された科学ドキュメンタリー祭「MICRO/MACRO: The World Inside/Out」での夜のことだった。ブーンは、ジュリア・サッコーニャ企画のプログラムの一環として『Magic Myxies』を紹介するために参加していた。そのプログラムではほかにも、最初期の科学映画『Hidden Wonders of Nature』（E・J・スピッタが撮影した、池の生物標本が登場する1908年の作品）や、ロサンゼルスを拠点に活動するアーティスト、ジェニファー・ウェスト制作の37秒間の作品『I ♥ Neutrinos: You Can't See Them But They Are Everywhere』（2011）などが上映された。きわめつけは『Our Century』（1982）の非常にレアな35mmフィルム上映だ。ソ連の宇宙開発計画を称えたアルメニア人監督アルタヴァスト・ペレシャンのこの作品に、人々は心を奪われた。この科学ドキュメンタリー祭のパンフレットには、ある言葉が引用されていた。本章にも関連することなので、以下に引用しよう。

　　……知覚した事物は、認知という行為——認知の方法、あるいは認知のテクノロジー——によって規定される。つまり、こういうことだ。私たちが見るものや、私たちが見たものに関する理解は、何の道具を使って、どのように、どの視点から、どのくらいの速さで見たかによって決まるのだ。そしてたいていの場合、近くに寄っていくと、見ていた対象が消える。見るスケールを変えることで、以前はひと続きだと思っていたものの隙間が見えてくる。とたんに現実に穴が開いたように感じられるようになり（中略）現実の表面を通り抜け、隠された奥深くの世界へと入っていけるのだ[35]。

幻燈ショーでは、くぼんだスライドにのった虫の姿が投影されたこともあった。上の画像は、『The Creeping Garden』のシーンのひとつで、ペトリ皿にのせたイエバエが映っている。

　『Films of Fact』（2008）の著者でもあるブーンは、2010年に発売された英国映画協会（British Film Institute）の『Secrets of Nature: Pioneering Natural History Films』のDVDにもライナーノーツを寄稿している。このDVDには、『Magic Myxies』をはじめとするパーシー・スミスの作品群のほか、英国教育映画社の映画制作者の作品が収録されている。たとえば、鳥類を専門としていたオリバー・パイクとウォルター・ハイアムの作品（『The Cuckoo's Secret』[1922]や『The Bittern』[1931]など）や、チャールズ・ヘッド撮影の、アブラムシとアリの関係に迫った作品『The Aphis』（1930）などだ。

　ブーンによれば、科学ドキュメンタリーの誕生は、1903年8月にロンドンのレスター・スクエアのアルハンブラ音楽堂で上映された「The Unseen World」というプログラムに起源を求めることができるという。このプログラムは、興行主であり起業家のアメリカ人、チャールズ・アーバンの後援で実現した。初期のイギリス映画界で果たした彼の重要な役割については、詳細な記録が残っている[36]。

　「The Unseen World」の中で際立っていたのは、スティルトンチーズの皮の表面を顕微鏡で映した『Cheese Mites』（1903）だ。このわずか40秒ほどの作品は、アマチュアの自然科学者であるフランシス・マーティン・ダンカンが撮影したもので、顕微鏡を通して一般大衆向けの映像を撮影した最初の事例だ。『魔境のターザン』で少年が水中の微生物を初めて目にした

ときのように、その映像は当時の人々にとってあまりにも衝撃的だったために、チャールズ・アーバン貿易会社は作品の上映中止に追い込まれた。ダンカンはその後もアーバンのもとで働いたが、1908年に不意に映画界から姿を消した。ブーンの著書『Films of Fact』には、カメラを取りつけた顕微鏡の横に座るブーンの写真が、アーバンの1905年のカタログに掲載された、以下の文章とともに引用されている。

> 『The Unseen World: A Series of Microscopic Studies, Photographed by means of The Urban-Duncan Micro-Bioscope』。『The Unseen World』シリーズの映画は、すべての米国標準規格の映写機に合うように作られた。スクリーンに20×25フィートのサイズで投影した場合、被写体の拡大率は220万～2800万倍になる。これは、撮影時の拡大率が25～850倍と幅があるためである[37]。
> ——*Films of Fact*, p.17.

アーバンは、その後もノンフィクション映画を中心に作り続け、新技術を積極的に採用した。たとえば、2色加色法によるカラー映画技術「キネマカラー」を取り入れ、その商用利用を1908～1914年まで支援したりもした。

ここで、パーシー・スミスに再登場を願おう。もしくはフルネームで呼ぶなら、フランク・パーシー・スミスだ（F・パーシー・スミスやパーシー・F・スミスなどとも表記される）。スミスは、かなり技術色の濃い人物だった。英国教育委員会の事務官を務めていたスミスは、写真や自然に強い関心を抱き、1899年から生涯にわたってクエケット顕微鏡学クラブのメンバーと

なり、1904～1909年には同クラブが発行する機関紙の編集委員を務めた。スミスはすぐにアーバンの目にとまり、アーバンのために非常に斬新な短編映画を数多く制作した。長さは大半が1分程度で、『To Demonstrate How Spiders Fly』(1909) では、ストップモーションアニメが生まれる何年も前の時代に、クモの動きをストップモーションで再現した。また、『The Balancing Bluebottle』(1910。『The Acrobatic Fly』とも呼ばれる) では、マッチ棒の先に背中を糊付けしたイエバエに曲芸をさせた[38]。

この2作品を見るだけでも、科学ドキュメンタリー黎明期の作品には、振る舞いの切り取り方やその表現の仕方にいささか狡猾な部分があったことがわかる。それは、教育的な要素と同じくらい、視聴者を魅了することを重視していたからだった。こうした理由から、スミスはもっと公的な科学団体からも支援を得ようとしたが、相手にされなかった。さらにブーンによれば、スミスはエリート階級の生物学界からも疎外されたという。だが、スミスは「職人階級との一致点を見出した」。そう書くブーンは、続けてこう指摘している。「娯楽には、しばしば職人階級をターゲットとすることで発展してきた歴史がある[39]」。

スミスはまた、アーバンの最大のヒット作『Birth of a Flower』(1910) も手掛けた。開花したばかりのタイムラプス映像を（当時としては）鮮明なキネマカラーで映し出した作品で、その後の「Secrets of Nature」シリーズの原型を見ることができる。しかし50作以上の「Urban Sciences」シリーズの映画を制作したのち、アーバンとスミスの実り多い関係は、不運にも1914年に開戦した第一次世界大戦によって終

＊35 Glenn Kurtz, 'The Aesthetics of Scale', http://www.glennkurtz.com/cgi-bin/iowa/essays/aesthetics/index.html (1997) より引用。
＊36 Charles Urban and Luke McKernan (eds.), *A Yank in Britain: The Lost Memoirs of Charles Urban, Film Pioneer* (Hastings: The Projection Box, 1999).

＊37 Timothy Boon, *Films of Fact: A History of Science in Documentary Films and Television* (London: Wallflower, 2008), p.17.
＊38 諸説あるが、ストップモーション（コマ撮り）アニメの発祥は、ロシア生まれのラディスラフ・スタレビッチの『映画カメラマンの復讐』(1911。カブトム

シとバッタの死骸を使った作品) か、『キングコング』のクリエイター、ウィリス・オブライエンによる『恐竜とミッシングリンク』(1915) と考えられている。
＊39 Boon、同書 p.16.

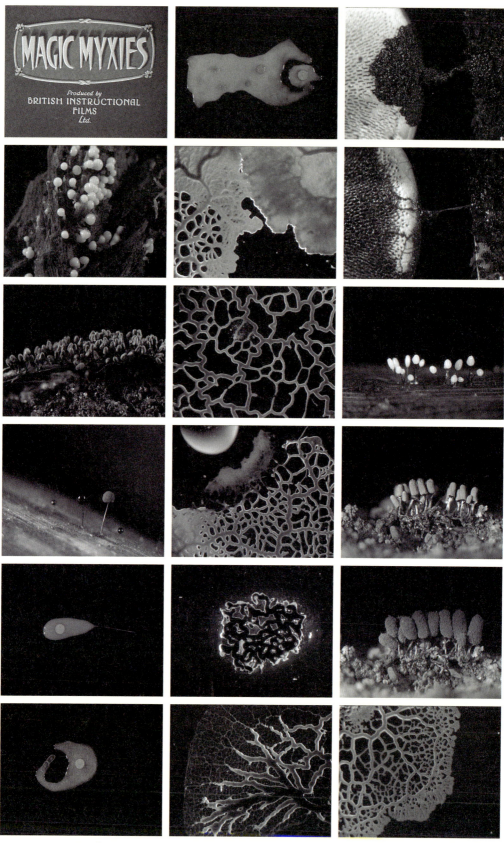

パーシー・スミスの映画『Magic Myxies』より。遊走子が融合して変形体になる様子を映した簡単な動画に加え、先駆的なタイムラプス映像と顕微鏡映像が使用された。

止符を打たれる。アーバンはアメリカに帰国し、スミスは海軍写真家として兵役に就いたのだ。

その後、第一次世界大戦が終わると、スミスはハリー・ブルース・ウールフ率いる英国教育映画社の製作陣に加わる。「Secrets of Nature」シリーズ第1作が公開された1922年のことだ。スミスは、その短編自然科学映画シリーズで主に撮影を担当し、編集とナレーション脚本の執筆はメアリー・フィールドが担った。スミスの専門は、水中撮影、顕微鏡撮影、そしてタイムラプス撮影だった。ちなみに、スミス自身はタイムラプスのことを「時間拡大法 (time magnification)」と呼んだ。コマを落とすという点ではなく知覚行為の密度の濃さに着目した、示唆に富む言葉だ。

「Secrets of Nature」のDVDには、タイムラプス映像を扱った10分前後の複数の作品が収録されている。たとえば、サイレント映画の『The Plants of the Pantry』(1927) は、粘菌ではなくケカビ (Mucor) に着目した作品だ。ケカビは「菌」ではなく「植物」と紹介され、最初にチーズから芽を出す様子が流れる。作中の紹介文には、タイムラプスでも時間拡大法でもなく、「高速運動撮影法 (rapid motion photography)」という語が使われているが、その映像からはカメラを構えたスミスの姿が確かに感じられる。ケカビの菌糸が描く模様を魅惑的に映し、本物そっくりの模型のアニメーションで胞子形成過程を再現した点は、まさにスミス的だ。

また、『The World in a Wine Glass』(1931) では、ワイングラスに干し草をひとつまみ入れるだけで、誰でも「滴虫類」という水中微生物を育てられることを紹介している。そのほか、ホップの栽培から大麦の発芽、

酵母の添加（酵母も菌類ではなく植物と説明される）、ビールを注ぐところまで、ビールの醸造過程を詳しく説明した『Brewer's Magic』(1933) という作品もある。

どれも非常に愉快な映画で、軽快なBGMに加え、当時のイギリス屈指のキャスターによる解説が付いている。ただし、ナレーションはしばしばおふざけがすぎる傾向にあり、たとえばイモリの生殖サイクルを描いた『Romance in a Pond』(1932) では、イモリを擬人化しすぎではないかと、一部から批判の声が上がった。

一方、粘菌に光を当てた『Magic Myxies』では、「おいしい餌を見つけて嬉しさのあまり震える」粘菌の様子を紹介しているほか、顕微鏡映像を用いて、遊走子や粘菌アメーバが融合した直後の変形体が、余りものの未融合細胞を捕食し始める様子を映している。ナレーター曰く、「伴侶を見つけられないほど気難しい気質のミクシーは、パーティーに参加することは許されず、食べられてしまう。独身男性に税金を課すよりも、はるかに効果的な結婚奨励策ではなかろうか」だそうだ。

スミスは限られた道具で画期的な撮影法を編み出し、劇的な効果を演出した。その映像は現代人が見ても圧倒される。『The Creeping Garden』でブーンが一節を引用した書籍『Cine-Biology』には、『Peas and Cues』(1930) や『Scarlet Runner and Co』(1930) における

『Magic Myxies』を見るティム・グラバム。変形体が有毒な液体◆から後ずさりするシーン。
◆エタノールはもちろんのこと、酢など、変形体の苦手なものはいくつも知られている。

変形体が伸びる速さを直感的に感じてもらうために、寒天を敷いた目覚まし時計の上に変形体をのせて撮影した。

植物の成長パターンの撮影方法について、事細かに記されている。それによれば、ロンドン郊外、エンフィールドのサウスゲート地区にあるスミスの自宅——スミスが大げさに「サウスゲート・スタジオ」と呼ぶ自宅——のすべての部屋には、タイマー、レバー、プーリー（滑車）、シャッターが精巧に配置されていたという。スミスは、植物にできる限り自然光を浴びせて育てるとともに、タイムラプス撮影に適した照明環境も整えた。タイムラプス映像の一つひとつのコマとなるスチール写真は、暗闇でフラッシュをたいて一定間隔で撮影されたものだ。

　スミスの名作『Gathering Moss』(1933) のナレーションによれば、コケの恐ろしく遅い成長を捉えるために、時間を10万倍「拡大」したという（コケの精子形成や生殖活動を表現するために、本物そっくりの図形を用いたアニメーションも使用された）。一方、『The Strangler』(1930) に登場する寄生性のつる植物ネオシカズラの成長速度は、コケよりも異様に速い。目覚まし時計と並べて置かれた真っ黒な背景幕をバックに、針がほんの2～3時間進む間にくねくねと蛇のように伸びていくつるのワンカットを見せられれば、それは一目瞭然だ。『The Creeping Garden』では、このシーンにヒントを得て、同じような古い目覚まし時計を使い、寒天を塗った文字盤の上をモジホコリが広がっていく様子を映すことで、粘菌の成長速度とサイズ感を表現した。

　スミス本人に関して知られていることはほとんどないが、現代でも十分に通用する快作や撮影手法を生み出したことから、当時のイギリスメディアではその名を広く知られていた。その証拠に、1945年3月24日に彼が亡くなると、多くの新聞の1面で取り上げられた。死因は練炭ガス中毒による自殺と記録されているが、悲劇的な死を遂げた理由は不明だ。ちなみに、死後に出版された『See How They Grow』の裏表紙には、「第二次世界大戦末期の爆撃により死亡」とある。かたや相棒のメアリー・フィールドは、戦後の新時代に充実したキャリアを謳歌した。1944年にランク・オーガニゼーション社に子供娯楽部門長として入社したのち、1951年には子供映画基金を設立。そして1954年に大英帝国勲章（OBE＝Order of the British Empire）を授与された。

　『The Creeping Garden』のタイムラプス映像の撮影に使用した機材は、スミスの撮影機材に比べるとはるかに簡素なものだ。ここ10年ほどのデジタル撮影技術の急速な発展の恩恵を大いに受けたわけだが、私たち自身の成長は、カメラ技術の成長曲線から大きく遅れをとっていた。さらに厳密にいえば、私たちが採用した撮影法は、本当の意味ではタイムラプスとは呼べず、むしろ「時間拡大法」のコンセプトに近いものと考えられるかもしれない。

　粘菌は、植物とは正反対に光を嫌う——話を聞いた専門家は、そう口を揃えた。実際、映画でも一部を取り上げたヘザー・バーネットの「Physarum Experiments（モジホコリ実験）」動画は、粘菌を完全な暗室に置いて撮影された。

スミスが植物の成長を記録したときに自然光を使用したのとは真逆のアプローチで、変形体はスチールカメラでフラッシュをたいて10秒おきに撮影され、その成長の一瞬一瞬が写真に収められた。

過去の焼き直しではなく私たちらしいシーンを作るにはどうしたらいいだろうかと悪戦苦闘していたとき、全くの偶然に道が開けた。2012年8月、子実体形成後の枯れたススホコリの個体をいくつも見つけた場所の近くで、その変形体の塊を見つけたのだ。砂浜に立つカバノキの朽木の中にいたススホコリは、カッテージチーズに似て色合いが鮮やかだった。しかも、その周りをナメクジが這っていて、サイズ感もよくわかった。この時点では、野生の粘菌の撮影に、一度に1時間分しか撮れないキヤノンのHV20というテープ式カメラを使っていた。ティムは三脚をセットし、そのカメラに取りつけた照明機材で朽木の幹の内部を照らしながら、変形体とその周囲を動くナメクジを数分間だけ撮影した。そしてティムは、それから1週間、定期的に足を運んで粘菌の成長をチェックしようと誓った。

その2日後、ティムから届いたのは、「おいおいおいおい。木の中にいた粘菌がこんなことになってた!!!!! 昨日あそこにいればよかったの

になあ」というメッセージと、干からびたススホコリの写真だった。こうして、想定していたよりも粘菌がずっと速く移動し、変形するということを知ったのだが、次なる発見は、それをさらに上まわる衝撃的なものだった。週末に撮りためた未加工映像を編集デスクで見直していたとき、ブライアン・デ・パルマ監督の『ミッドナイトクロス』(1981)に登場するジョン・トラボルタ（元私服警官で音響効果マンの主人公）のごとく、ティムはカメラ映像の中の異常を察知した。粘菌の周りを這うナメクジを映した、たった90秒の映像をスクラブ再生◆したところ、明らかに変形体が動いたのだ。

そして数週間後、ティムは郵送で取り寄せたモジホコリの個体の撮影を始めた。再びローファイなHV20を使い、移動する変形体を1時間撮影したのだが、自然光のもとに置いたり、アニメ作画用のライトボックスの上に置いたりしても、粘菌が光を忌避する様子はなく、いつものごとく特徴的な動きを見せた。さらに不思議なことに、編集ソフトで再生速度を速めるという比較的単純なテクニックを使ってみると、従来通りにタイムラプスで撮影したどの映像よりも、粘菌のリズミカルな震えがはるかに生き生きと映し出された。そこで映画では、粘菌の動きを実際の100〜400倍速で再生した映像を使用す

最初に発見したススホコリ。

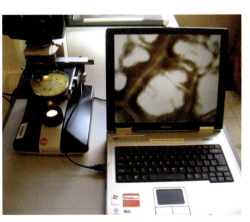

原形質流動の撮影に使用した顕微鏡セット。一部は再生速度を上げずに保存した。

◆データの任意の時点をドラッグした通りに再生すること。

ることにした。

この方法は、変形体内部の細胞質の往復運動を捉えた顕微鏡映像にも使用した。ただし、変形体を物理的に拡大してみたところ、私たち人間が考える実時間に近い速度でも、原形質流動のわずかな動きを捉えることができたので、作中の原形質流動の再生速度は一部のシーンを除き、2〜6倍速ほどに抑えた（一部のシーンは実時間で再生されている）。

この手法の唯一の弱点は、1時間テープをめいっぱい使って撮影しても、映画に使える映像はせいぜい30秒ほどにしかならない点だ。そのため、もっと長い時間をかけて起こる複雑な振る舞い（粘菌が迷路を解く様子など）を撮ることは不可能だった。とはいえ、私たちの作品ではこれで十分に事が足り、「Slimelab（粘菌ラボ）」や自然環境で粘菌が震えながら伸びていくその驚くべき映像は、すべてこの方法で撮影した。しかし、ここで疑問が湧く。短い時間スケールで捉えたこの振る舞いは、いったい何なのか。子実体形成のために変形体が集合しているのだろうか。それとも、光から逃げているのだろうか……。

映画の話でこの章を始めたからには、映画の話で締めくくるのが筋だろう。『The Creeping Garden』は当初から、70年代のSF映画の皮をまとったドキュメンタリーにする構想だった。縦横比1：2.35のワイドスクリーンで撮ることにしたのも、この理由が決め手のひとつだった。いわば、『アンドロメダ…』（ロバート・ワイズ監督、1971）などへのオマージュだ。だが、横軸方向のスクリーン寸法が大きくなると、被写界深度にもっと注意せざるをえなくなるうえに、マクロ撮影も顕微鏡撮影も被写界深度がきわめて浅いから、多くの場合、粘菌全体の成長をうまく捉えるには上から撮影することになる。斜めから撮影すると、粘菌の一部が浅い被写界深度の外に出てボケてしまうのだ。人間の目なら焦点を選べるが、カメラの目で被写体を捉えようとすると、こうした技術的制約が生じる。

『アンドロメダ…』と同様、多くの70年代映画は、被写界深度の問題を回避すべく新たな撮影技術を編み出した。スプリット・フォーカスまたはスプリット・フィールド・ジオプターと呼ばれる二焦点特殊効果レンズがそのひとつだ。ブライアン・デ・パルマ監督の『フューリー』(1978)や『ミッドナイトクロス』などで特に、この補助レンズの使い方が目立つ。二焦点レンズの特徴は、レンズの視界を半分だけ覆い、カメラにふたつの焦点を持たせることで、実質的に奥行きのない平面的な映像を撮れることだ。『アンドロメダ…』では、たとえば次のようなシーンで使われた。前景のひとりの登場人物は、カメラにかなり近い位置で大写しになっていて、視聴者のほうを向き、ビデオモニターのようなものを見ている格好になっている。一方、背景の登場人物たちのリアクションショットも、同じフレーム内で同時に撮られてはいるが、かなり後ろのほうにいる。にもかかわらず、そこにもピントが合い、登場人物たちの姿が鮮明に写っているのだ。

この二焦点レンズは使用していないが、『The Creeping Garden』でもその効果を再現した。「Secrets of Nature」でパーシー・スミスのタイムラプス撮影法について解説した部分を読み

マクロレンズでモジホコリを撮ろうとすると、被写界深度の制約を受ける◆。
◆静止画であれば、深度合成が可能なカメラを使うことで、この制約を解消できる。

時間拡大法と顕微鏡撮影について語るティモシー・ブーン。このシーンには、『アンドロメダ…』へのささやかなオマージュも込められている。

上げるティモシー・ブーンの映像に、ポストプロダクション（撮影後の作業）で別途撮影した焦点距離の異なる映像を合成したのだ。別々のカットで撮影したものを使用したわけだが、結果的には二焦点レンズと同じ効果が生まれた。該当のシーンでは、前景の左側に映る目覚まし時計と古風な顕微鏡だけでなく、中ほどの位置で天体望遠鏡に囲まれているブーンの姿も、同じくらい鮮明に映し出されている。残念ながら、その効果に注目してもらわない限り、二焦点であることはほとんどわからないだろう。しかし、何を鮮明に見せ、何を鮮明に見せないかを規定するのはテクノロジーであるということを改めて強調したこのシーンの現実を、多少なりとも歪めることができた。その感じをもっと強調するために、ひとつのカット内で何度も焦点を変えることも考えたが、その方法は実用には適さなかった。

短いカットを次々に切り替えることを良しとする今日の映画界において、こうした二焦点効果はあまり好まれない。だが、目を向けてほしい箇所にピンポイントに誘導するのではなく、視聴者に自由に視点を動かしてもらい、映像の細部から自分なりの解釈を引き出してもらうこ

とができるので、ワイドスクリーンに適した効果だといえるだろう。

この効果を使ったのは、「百聞は一見にしかず」や「カメラは嘘をつかない」など、従来のドキュメンタリー作品が掲げてきた幻想に対する、ひそかな反抗でもあった。ジャン＝リュック・ゴダール（1930〜）の有名な言葉に、「映画は1秒24フレーム分の真実だが、あらゆる編集は嘘だ」というものがある。では、私たちが「ドキュメンタリーリアリズム」と呼ぶものは、そのうちのどのくらいの部分が編集室で作り出されるのだろうか。

結局のところ、別々の時期に撮った大量の映像の断片から人物像を紡ぎ出し、意図したメッセージをぼかしかねない要素をシーンやストーリーから取り除くことによって作っているではないか。だとしたら、『The Creeping Garden』の粘菌のタイムラプス映像は、どのように理解したらいいのだろう？ 時間をいじった以外は何も手を加えていない、カメラの前の現実をありのままに表現しただけだと謳ったところで、結局はポストプロダクションで大幅な改変を加えているではないか。科学とは所詮、フィクションなのだ。

10 粘菌と日本のつながり

昭和天皇と南方熊楠

れは、何の変哲もない標本だった。乾燥して土色になった有柄の子実体のごく小さな集合体で、私たちが訪れたロンドンの他の粘菌コレクションの標本と比べても、変わったところは全くない代物だった。だが「Hemitrichia imperialis」と記された手書きのタグを見たとき、私たちは、ヒッグス粒子や未発見生物の発見にも似た興奮を覚えた。この"新"種は、1929年に日本の皇居の敷地内で採集され、イギリス菌学会元会長のグリエルマ・リスターのもとへと送られた標本だったのだ。その送り主こそ、ほかならぬあの昭和天皇（1901～1989）だった。

リスターコレクションの、ともすれば特段見るべきところのないこの標本は、私たちの調査の新たな分岐点となった。もしかしたら映画に全く新しい切り口を与え、さまざまな経歴や専門分野を持つ日本の科学者たちによる豊かな研究成果を紹介できるかもしれない――そう考えたのだ。しかし結局、それを叶える手段はなく、『The Creeping Garden』に日本は登場していない。だが、そう悲観することもないだろう。なにせ日本の粘菌研究史を語っていたら、映画は新たな方向へと展開し、複雑になりすぎて収拾がつかなかっただろうから。とはいえ、粘菌研究における日本の歴史的な関わりと、映画でも取り上げた一風変わった実験への日本の影響は、決して小さくはないし、興味をそそられる。本書で日本の粘菌研究に敬意を表さないことは、許されることではないだろう。

粘菌だけを扱った日本初の研究書は、1935年に出版された『那須産変形菌類図説』だ。その著者名および出版社名には生物学御研究所の服部広太郎とあるが、1964年に、本当の著者は昭和天皇その人であることが明らかになった。那須御用邸周辺で見つかったさまざまな種につ

いて296ページにわたって詳細に記した、まさに力作だ。

無理もないことだが、治世下に起きた歴史的に重大な出来事に比べれば、昭和天皇の生物学分野での功績は見過ごされがちだ。だが、昭和天皇が執筆に関わった書籍は、『那須の植物』（三省堂、1962）のほか、『天草諸島のヒドロ虫類』、『相模湾産貝類』、『相模湾産甲殻異尾類』（いずれも皇居内生物学御研究所刊。刊行年はそれぞれ1969、1971、1978）など多岐にわたる。多くは、実際の刊行年よりも前に執筆・編纂されたものだ。ロシア人映画監督アレクサンドル・ソクーロフの『太陽（原題：Solntse）』（2005）では、国家の象徴であった昭和天皇のこうした裏の顔が主に描かれた。本作は、昭和天皇を初めて描いた長編フィクションで、イッセー尾形が天皇陛下を演じているが、そこでは生物学御研究所の

昭和天皇。日本初の粘菌の研究書『那須産変形菌類図説』（1935）の影の著者。

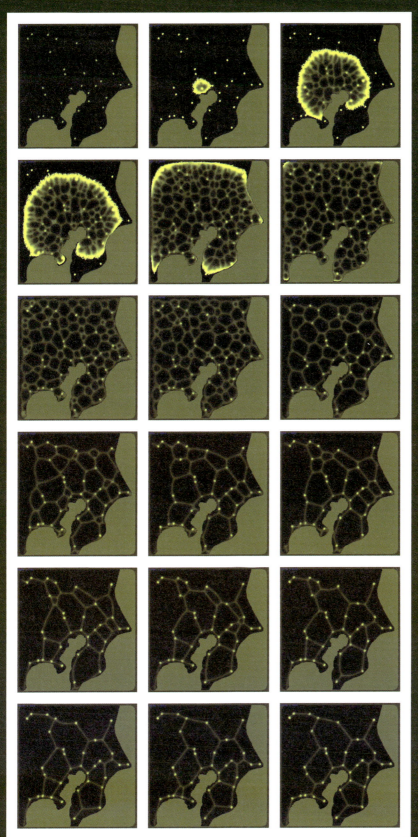

「モジホコリの変形体の成長
シミュレーションと東京の鉄
道網への適応」(2010)。手老
篤史、中垣俊之らの有名な実
験『Rules for Biologically-
Inspired Adaptive Network
Design』(2010) を模した、
ジェフ・ジョーンズの粘菌プ
ログラムのリアルタイムコン
ピューターアニメーション
(© Jeff Jones)。

猫楠
NEKO-GUSU
水木しげる
南方熊楠（みなかたくまぐす）の生涯

角川文庫

『猫楠』（1996）の表紙。風変わりな博物学者、南方熊楠（1867〜1941）の生涯を彼の飼い猫の視点から綴った、水木しげるの奇抜な漫画。

の敷地内に1925年に建てられた生物学御研究所の所長に就任し、1965年に亡くなるまで所長の任を務めた（生物学御研究所は、1928年に裕仁親王が即位すると皇居に移設された）。そんな服部は、昭和天皇が名を残せるよう、日本の生物学者が軽視してきたふたつの研究分野を勧めた。それは、粘菌と海生ヒドロ虫だった。

粘菌は日本人の間でもまずまず知られた生き物だったが、この時点まで、粘菌研究の第一人者だった人物は、学術界から完全に独立して研究を行っていた。その人物とは、南方熊楠（みなかたくまぐす）（1867〜1941）だ。作家、旅人、植物学者、芸術家、自然活動家、哲学者だった南方は、世界的にはあまり知られていないが、日本ではほとんどカルト的な地位を獲得している。1965年には南方が国内での大半の期間を過ごした和歌山に彼の功績を称えた博物館がオープンしたほか、1996年には、南方の飼い猫の視点から彼の生涯を描いた漫画『猫楠（ねこぐす）』も出版された。手掛けたのは、あの日本屈指の漫画家、水木しげるだ。

アマチュア研究者として活動した南方は、紛れもなく多彩多能な人物で、西洋と東洋とを分け隔てる知識の溝を埋めるうえで重要な役割を果たした。しかしながら、一部の研究者からは手厳しい評価を下されている。たとえば、南方の遺した成果を多少なりとも書き記した貴重な英語文献『Civilization and Monsters』の著者ゲラルド・フィガルは、「南方の知識の広さを肯定的に捉える者は、彼を『歩く百科事典』と評して称えたが、より批判的な見方をすれば、道楽的な知識の虫、多芸に無芸な人物と考えられるかもしれない」と書いている[41]。

南方の興味関心は蛇行する川のように流れた。また、その風変わりな性格は、厳格な査読が行われる雑誌論文の世界や、大学の学内政治には明らかに不適合だった。フィガルも、「紀伊半

外の、第二次世界大戦末期の壊滅的な状況の描写は、あえてほぼ完全に省かれている。

昭和天皇の自然科学への興味を呼び起こしたのは、『那須産変形菌類図説』に著者として名前が記されている服部広太郎（1875〜1965）だった。服部は、皇族のご子息の教育のために設立された学習院で生物学を教えていた。学習院初等科に、のちの昭和天皇である裕仁（ひろひと）親王が入学したのは1908年のこと。昭和天皇の科学研究の側面に焦点を当てたE・J・H・コーナーの論文によれば、服部は、まだ10代だった若き皇太子に付き添って、相模湾周辺へ定期的に標本探しに出かけたという[40]。そして裕仁親王の教育者であり、研究仲間であり続けた。その後、裕仁親王が住まいとしていた赤坂離宮

＊40 E.J.H. Corner, 'His Majesty Emperor Hirohito of Japan, K. G. 29 April 1901-7 January 1989', *Biographical Memoirs of Fellows of the Royal Society*, vol. 36 (December 1990), pp.242-272.
＊41 Gerald Figal, *Civilization and Monsters: Spirits of Modernity in Meiji Japan* (Duke University Press, 1999), p.52.
＊42 同書p.72.
◆のちの第一高等学校、現・東京大学教養学部。

島の僻地に住み、植物や昆虫の標本を集め、地域の慣習について書き記した南方は、周辺的な学問を研究し、周辺的な場所に生きたようだ」と述べている*42。とはいえ、19世紀終わり頃の北米とロンドンでの長期滞在中や、1900年の帰国後に積み上げた業績と経験、そしてとりわけ彼の粘菌へのたゆまぬ執着は、粘菌がこれほどまで日本人の心に浸透していった謎を解く鍵となりそうだ。

南方は、1867年4月15日に和歌山県で生まれた。その翌年には睦仁親王の天皇即位に伴って明治時代（1868～1912）が幕を開け、イギリスの君主制をモデルとした天皇中心の体制が復活した。日本は、それまでのおよそ3世紀に及ぶ封建制社会と鎖国政策に終わりを告げたのだ。そうして明治維新後、日本に西洋の科学、技術、政治制度、生活様式がもたらされた。それは、社会的・政治的変化を伴う激動の時代だった。南方の父は金物屋で、商人階級に属していた。社会に物質的な貢献をほとんどしないことから、商人は江戸時代に士農工商の一番下の階級とされていた（武士［明治期には多くが行政職や官僚職に就いた］や、国民に米を供給する農家よりも下だった）。しかし財産を蓄えていた商人は、お金で階級は買えなくとも、この新しい文化の中で教育を買うことができた。

そうした中、南方は幼い頃からすでに自然への異様なまでの興味に加え、天才的な記憶力と飽くなき学習意欲を示した。たとえば、わずか7歳にして百科事典を1冊全部筆写しただけでなく、自ら採集した動植物のスケッチもした。だが、学校での成績はせいぜい平均止まりだった。それでも1883年3月、南方は東京大学予備門◆に入学する。東京大学予備門は、複数の官立学校を合併させ、欧米の学術機関の体制を模して1877年に設立された教育機関で、医学や西洋の学問が教えられていた。南方の同期生の中には、あの夏目漱石もいた。当時英文学を学んでいた漱石は、のちにロンドンで不遇の2年間を過ごすことになるが、それは南方がロンドン留学から帰国した後の1901～1903年のことだった。

南方は授業よりもむしろ東京の動物園、植物園、博物館、図書館で多くの時間を過ごした。だから、学生時代の漱石のことはほとんど知らなかっただろう。そんな南方の学術界におけるキャリアは、当然のことながら全くの短命に終わった。1886年、学年末試験で落第し、生まれ故郷に戻ることを余儀なくされたのだ。しかし、それで学習意欲が衰えたわけではなかった。南方は自分の自由奔放な学習姿勢は留学に適していると父親をどうにかこうにか説得し、家計に多大な負担を強いて、横浜港からサンフランシスコ行きの船に乗ってアメリカへと渡ったのだった。

アメリカでの6年間は、あまりにもちぐはぐな年月を過ごした。まずサンフランシスコのパシフィック・ビジネス・カレッジに入学し、その後はるか東のシカゴに短期間滞在した後、ランシングのミシガン州立農学校に入学するも、飲み騒いだことから退学処分を食らってしまい、アナーバーのミシガン大学に移った。落第生の典型だった南方は、1891年にはアメリカ東海岸南端のフロリダ半島北東部にあるジャクソンビルへと移り住み、地衣類に関する研究に単独で乗り出したのち、今度は半島最南端のキーウエストへと移動し、その後さらに南下してキューバのハバナへと渡った。

そしてハバナの地で日本人のサーカス団員と知り合った南方は、サーカス団に象使いとして加わり、ハイチ、カラカス、ベネズエラ、ジャマイカを旅してまわった。その後、短期間ではあったがニューヨークに腰を据え、旅の道中で集めた菌類や植物の研究を行った。そうして1892年、25歳の南方は、生物標本を何箱も携えて船で大西洋を渡り、新天地のロンドンで実に充実した研究生活の第一歩を踏み出した。

南方はロンドンで8年を過ごしたが、そのうちの数年間だけでも本が1冊書けるほどさまざまなことがあった。南方のロンドン時代の

ことは、カーメン・ブラッカーの1983年の論文によくまとめられているほか、龍谷大学の松居竜五によってさらに詳しく調べられている＊43。南方熊楠の名は今日のイギリスではほとんど忘れ去られているが、『ネイチャー』誌の1893年10月5日号に掲載された論文『The Constellations of the Far East（極東の星座）』は、当時のイギリス科学界のエリートたちの関心を大いに集めた。星座の成り立ちに関する問いに答える形で書かれた南方のこの論文は、世界の記述・定義方法におけるひどくヨーロッパ中心的な姿勢を正すことを試みた先駆的な論考だった。結局、南方は1914年までに計50本の論文を『ネイチャー』誌に寄稿し、『ノーツ・アンド・クィアリーズ』誌への投稿論文数も1899〜1933年の間に少なくとも323本を数えた。これらのほとんどは、日本に帰国した1900年以降に提出されたものである。

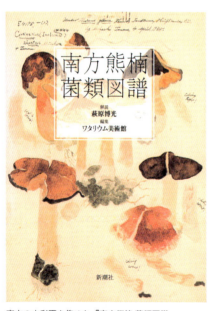

南方の水彩画を集めた『南方熊楠 菌類図譜』（新潮社、2007）の表紙。

南方は留学期間中、家族からのわずかばかりの仕送りに頼っていたが、イギリス到着時に父親の訃報を受け取るというショッキングな出来事もあり、生活費はますます細っていった。そんなさなか、初めて雑誌に論文が掲載されたことで、南方に関心を示した日本領事によって夜宴に招かれる。だがそのことよりも、彼の知的活動にとっては、大英博物館の英国・中世遺物および民族誌学部の部長サー・オーガスタス・ウォラストン・フランクスと出会ったことのほうが重要だった。南方はフランクスと親交を深めたことで、彼を通じて便利なコネができただけでなく、当時はまだ大英博物館内にあった大英図書館の閲覧室への入室許可を得るに至ったのだ。

初めて図書館に足を踏み入れたとき、そこはまさに私が常日頃から夢見ていた場所だとわかった、と南方はのちに自身の娘に対して述懐している＊44。南方はロンドン滞在中のほとんどの時間を世界知が集積された本棚に囲まれて過ごし、いずれ来る帰国のときに備えて、日本では入手不可能であろう書物を1冊丸ごと筆写、あるいは翻訳した。だが、日本や中国のコレクションの目録作りの手伝いという館内部の仕事をしてはいたものの、相変わらず南方の財政状況はきわめて厳しかった。交通機関の運賃すら払えず、ケンジントンのブライスフィールド通り15番地にあった下宿から博物館までは毎日歩いて通っていた。その下宿先は馬屋の2階で、馬糞の臭いが漂っていたという（南方は馬糞を使って寝室でキノコを育てていたのでは、と推測する者もいる◆）。食事をとらずに一日をやり過ごすことも多く、わずかな生活費は下宿近くのベイズウォーターのパブに消えた。どうやらミス・クレミーという女性のバーテンダーを気に入ったらしく、帰宅の道すがら足しげく通ったらしい。

＊43 Carmen Blacker, 'Minakata Kumagusu: A Neglected Japanese Genius', *Folklore* 94, no. 2 (1983) pp.139-152. 松居竜五の著作の大半は日本語だが、次のような英文で書かれた論考もある。'Minakata Kumagusu and the British Museum' *Discuss Japan: Japan Foreign Policy Forum* no.16 (7 Oct 2013), http://www.japanpolicyforum.jp/en/archives/society/pt20131007034729.html
＊44 Matsui (2013).

南方は、そんな生活に追い打ちをかけるような事態を自ら招く。服装の乱れや大酒を飲む癖に加え、博物館職員に侮辱されたと感じて相手の顔面を殴打したことで、閲覧室への出入りを禁じられてしまったのだ。1897年11月のことだ。幸い入室禁止措置は2か月で解除されたが、南方は1年後に同様のけんか騒ぎを起こし、再び追放されてしまう。それでも東洋図書部長のサー・ロバート・ダグラスの情けで、妥協策として、ダグラスの研究室で個人的に研究を継続することを許された。しかし、貶められたと感じた南方は、間もなく大英博物館を去り、二度と戻ることはなかった。

ブラッカーによれば、イギリス最後の数年間は「物乞い寸前の貧困状態」にあったという[*45]。そして1900年9月1日に南方は、数着の衣服、長年書き溜めたノート、生物標本を詰め込んだ木箱と少々の荷物だけを持ち、帰国の途についた。帰国後は、家業を継いでいた弟から仕送りを受け、日本での生活を再開した。大阪の理智院に一時身を寄せた後、生涯を和歌山県の田辺町で暮らした南方は、1906年7月に宮司の娘だった田村松枝と結婚し、長男熊弥（1907〜1960）と長女文枝（1911〜2000）をもうけた。

帰国後は再び祖国を離れることがなかった南方だが、研究は継続し、ロンドンで出会った友人とも交流を保った。また、『ネイチャー』誌と『ノーツ・アンド・クィアリーズ』誌への論文投稿や投書も続けていた。そのほか、イギリスの日本文学者フレデリック・ビクター・ディキンズとともに鴨長明の『方丈記』の英訳を手掛け、『A Japanese Thoreau of the Twelfth Century』（1905）として発表したりもした。

南方は20余りの言語を使いこなしたといわれる。彼の論考は、数多くの近代ヨーロッパの文献や日本語の資料はさることながら、中国の

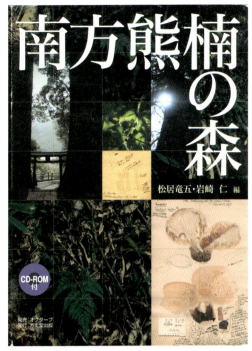

松居竜五と岩崎仁の『南方熊楠の森』（方丈堂出版、2005）の表紙。南方の生涯と遺産について書かれた数ある書籍のうちのひとつ。

古典、古代アラビア語や古代ペルシア語のテキスト、果てはプリニウスやヘロドトスなど古代ローマやギリシャ時代の文献に至るまで、驚くほど多様かつ広範な書物を参照して書かれている。各言語にどれほど精通していたかは定かでないが、『ネイチャー』誌への最初の寄稿論文は、下宿の大家からR〜Zまでの項目が欠けた辞書を借りて書いたらしい。真偽はどうであれ、広範な文献から関連する情報を選び出し、論文に適したフォーマルな英文にまとめ上げる力があったことは確かだ。

南方の数々の論文と投書は、そのほとんどが科学における発見や伝説、民俗の歴史を語り直したものばかりだ。たとえば1894年5月17日に『ネイチャー』誌に掲載された投書『The Earliest Mention of Dictyophora』では、キヌガサタケ（*Phallus indusiatus*）などを含むスッポ

◆この地域に馬屋が多かったことは事実だが、南方の下宿先が馬屋というのは誤り。
*45 Blacker (1983), p.143.

ンタケ科キヌガサタケ属について、科学文献での初出は1798年のフランス人植物学者の論文ではなく、はるか昔の9世紀に中国の段成式（803〜863頃）によって書かれた『Miscellanies』（日本では『酉陽雑俎』という題名で1697に出版）であると指摘した。

また、1899年6月5日に掲載された論文「Walrus」は、オランダ人東洋学者グスタフ・シュレーゲル（1840〜1903）の仮説に反論する形で書かれている。シュレーゲルは、17世紀にイエズス会士フェルディナント・フェルビーストが現地民の教育のために編纂した、古い中国語文献の中に出てくる奇妙な海洋生物は、ハクジラのイッカクではないかと唱えた（文献には、「皮は矛を通さぬほど硬く」、額から生えた鈎のような角を海岸の岩に引っ掛けてぶら下がることができる、とある）。しかし南方はこの説に異を唱え、元の文献の「lo-ssu-ma」は、古代ノルウェー語でセイウチを意味する「rosmar」の中国語読みであると指摘したのだった。そのほかに南方が『ネイチャー』誌に投稿した論文には、「Some Oriental Beliefs about Bees and Wasps」(1894)、「On Chinese Beliefs about the North」(1894)、「The Mandrake」(1895)、「The Discovery of Japan」(1903) などがある。

雑誌論文に掲載された南方の論文はどれも簡単なもので、テーマも散漫だったが、にもかかわらず重要だといえるのにはふたつの理由がある。第一に、南方の論文が、科学的知識の体系的な記録や整理が17世紀ヨーロッパの啓蒙時代よりも前に別の場所で行われていたことを示していること。これはもっともな指摘で、今日においてさえ、英語以外の言語で書かれた論文や正式な学術機関以外で行われた研究は、いったいどれだけ無視あるいは模倣されているのだろうと考えさせられる。第二に、ブラッカーが強調しているように、南方が民俗学研究における伝播主義に一石を投じたことだ。伝播主義とは、似た人物や語りのパターンが登場する神話や伝説はすべて同一の起源を持つと唱え、同時

期に別々の文化で独立して発生したことを否定する学派のことである。仮に伝播主義の説が正しいとして、ただひとつの起源を見つけることなどできるのだろうか……。

知識やアイデアがネットワークのように結びついているという考え方は、ちょうど粘菌とも共通する。粘菌に関する南方の業績は、南方の生涯を綴った英語文献では余談として語られる程度にすぎないが、粘菌は南方のメインの研究テーマのひとつだったことが認められている。たとえば社会学者の鶴見和子による南方の伝記では、南方の粘菌研究にまるまる1章を割いている[*46]。

実際に南方は帰国後も、グリエルマ・リスターと定期的に書簡をやりとりしていた。またロンドン滞在時には「大英博物館（自然史）」（現・大英自然史博物館）のコレクションを一度は訪れていたと思われ、1905年に自身の標本のうち46点を大英博物館に寄贈している。これらの標本については、翌1906年にイギリス菌学会会長だったグリエルマの父、アーサー・リスターが『ジャーナル・オブ・ボタニー』誌の論文「The Second Report of Japanese Fungi」で触れている[*47]。自身の名が付いた新種の粘菌「ミナカタホコリ（*Minakatella longifila*）」は、1917年に南方が自宅の庭に立つ柿の木の樹皮に見つけたもので、アーサーの著書『*A Monograph of the Mycetozoa*』(1925年版) にも記載がある。また、南方自身が描いた粘菌の水彩画を収録した本も、日本では何冊も出版されている。南方は「チョボ六」と名付けた猫を何代も飼い続け、田辺町の自宅の敷地で飼育していた粘菌にナメクジが近づかないよう猫をしつけたらしい。

そうこうしているうちに、南方の研究活動はついに昭和天皇の目にとまった。昭和天皇はリスターの論文を読み、その一風変わった日本の専門家に接触すべく、皇族の使いを立てた。これは異例ずくめのことだった。というのも、南方は1910年に神社合祀に異議を唱え、騒動を起こしていたのだ[*48]。神社合祀は、明治維新

後に神道を「国家の宗祀」と定め天皇を神格化した政府が、神道の威厳を強化するために進めた神社の合併政策のことである。それまで日本各地の多くの神社は、地域の人々にとって信仰と娯楽の中心であり、たいてい深い森の中に建てられていた。ところが神社合祀令によって神社を合祀し、一村一社とする政策が推し進められることになったのだ。

　南方はこの神社合祀令に対し、文化と環境の観点から反対の声を上げた。神社の取り壊しは、古くからの歴史的建造物の破壊だけでなく、自然林の破壊をも招く、と。南方は当時の日記に、神社合祀令によって和歌山本来の森が破壊し尽くされるだろうと書いている。しかし南方の抗議は、政治的なレッテルを貼られてしまう。そして新聞に何度も怒りの投書をしていた南方は、酩酊状態で県の役人の会合に乱入したかどでついに投獄されることとなる。結局、不起訴処分で18日後に釈放となったが、南方はむしろ、涼しく湿った独房の環境を楽しんでいたようで、その孤独な時間を独房の壁に生えたカビの調査に費やしたそうだ。幸い神社合祀令は本格的に施行されることなく◆、1920年に廃止された。

　もうひとつ、南方と昭和天皇の交流がなぜ驚きかといえば、無位無官の者による御進講などはそれまで前例がなかったからだ。ましてや、ふんどし一丁で近所の森をさまよい歩くという奇行から地元で変わり者扱いされていた人物が、天皇陛下に御進講を行うことになるとは……。ところが、まさにそれが実現した。1926年11月に生物学御研究所の服部広太郎に粘菌標本90点を送付してから約2年後の1929年3月、服部は南方の自宅を突然訪問し、昭和天皇が田辺町にある無人島、神島の森で標本採集を行う際に同行願いたいと告げた。そして後日、昭和天皇が神島で採集を終えて御召艦で本土へと戻る

間の25分間、南方は粘菌と海洋生物について御進講を行ったのだ。その時間こそ、ここで簡単に紹介した男の生涯最高の成果だった。対面した時間こそ短かったものの、南方の御進講と110点に及ぶ標本の献上は、昭和天皇のその後の粘菌研究に影響を与えたことだろう。粘菌は、南方と昭和天皇を結びつけたのだ。

　天皇陛下による研究がその後の日本の粘菌研究に影響したかどうかはまた別の問題だが、日本が粘菌研究に豊かな材料を提供したことは確かだ。その研究成果は、多くのイギリス人科学者やアーティストの活動へとつながり、津田宗一郎や郡司ペギオ幸夫ら日本人科学者との活発な交流を生んだ。これからも、南方から始まった異文化交流の精神は受け継がれていくことだろう。

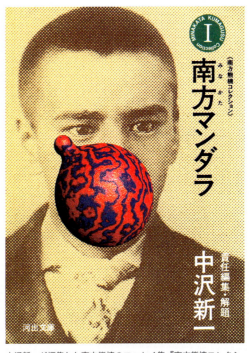

中沢新一が編集した南方熊楠のエッセイ集『南方熊楠コレクション 南方マンダラ』（河出書房、1991）の表紙。

＊46 鶴見和子『南方熊楠 地球志向の比較学』（講談社、1978）
＊47 Arthur Lister, The Second Report of Japanese Fungi' *Journal of Botany* vol. 49 (1905).
＊48 Brij Tankha, 'Minakata Kumagusu: Fighting Shrine Unification in Meiji Japan', *China Report* 36, no. 4 (2000), pp.555-571.
◆実際は、全国の神社約7万社が取り壊されたといわれている。

11 粘菌と知性

モジホコリのネットワーク形成と問題解決

「輸送網は、現代の工業化社会を運営し、人・モノ・エネルギー・情報の効率的な輸送を容易にするためには欠かせないインフラである。その重要性にもかかわらず、ほとんどの輸送網は明瞭な全体の設計方針なしに作られてきた。そのうえ、建設時にはさまざまな優先事項の制約を受ける。このため、低コストで高い輸送効率を達成することが主な動機になることはあっても、断線や障害への耐性が重視されることはなかった。頑強なネットワークを作るには冗長な経路の建設が避けられないが、短期的には、それはコスト効率の良いものではない。近年では、送電網、金融システム、空港の手荷物処理システム、鉄道網といった重要インフラの大規模障害が発生しているほか、情報ネットワークや物流網といったシステムへの攻撃に対する脆弱性が危惧されるようになっており、本質的に高い回復力を備えたネットワーク開発の必要性に注目が集まっている」

—— 'Rules for Biologically Inspired Adaptive Network Design', Atsushi Tero, Seiji Takagi, Tetsu Saigusa, Kentaro Ito, Dan P. Bebber, Mark D. Fricker, Kenji Yumiki, Ryo Kobayashi, Toshiyuki Nakagaki, *Science*, 22 January 2010.

モジホコリは、ほかのすべての粘菌と同様、通常は単細胞生物という言葉で説明されるが、実際は人間が作り出した自動装置や計算装置の性能をはるかに凌ぐ、驚くべきことを成し遂げる能力を持っている。粘菌という単細胞多核生物の中では、明らかに何か不思議なことが起きている。まだ私たちはその全貌を理解できていないが、それでも粘菌の一部の振る舞いをある程度制御したり、あるいはモデル化したりすることは可能だ。そうすれば、粘菌は人間にとって有用な、驚異的な効果を発揮するだろう。

それを知性と呼ぶのはいいすぎだろうか。しかし食料を得て、十分な栄養分を吸収し、生殖可能な大きさにまで成長するという単純な観点で粘菌の変形体を見れば、この生物は驚くほど効率的に事を運んでいることがわかる。その目的において、無定形の体は便利だ。粘菌の体では、外部からの刺激は中枢神経系などではなく、細胞構造全体で処理されているのだ。

食料を探すときは、樹木状の細かい管を扇状に広げるか、とりあえず細胞膜をいくつかの方向に管状に伸ばしてみて（これを仮足という）、身の回りの環境を物色する。どちらの場合も、原形質流動特有の波打つような脈動を見せながら形を変えていく。

だが実際のところ、このふたつのパターンを明確に区別することはできない。たとえば管理が行き届いたラボ環境下で、コーンミールを均等に混ぜた寒天培地など、栄養豊富な基材の上で変形体を培養した場合、食料をすぐさま探す必要がないので、波打つような動きを見せながら四方八方に広がり、真円に近い形になる。それに対し、栄養を含まないジェルの上で培養すると、手近な栄養源にリソースを集中させながら、仮足が樹木状にくねくねと伸びていく[49]。自然環境では、基材上にそれほど均等に栄養が広がっていることはまずないと仮定できるので、粘菌が描くのは、どちらかといえばこのふたつのパターンをごちゃまぜにした形になるのだ。

---

[49] Andrew Adamatzky, Physarum Machines: Computers from Slime Mould (2010), pp.24-28.

オートミールを包み込むモジホコリ。写真の下方から伸びてきた変形体の管は、食料を求めて、さらに先へと仮足を伸ばしている。

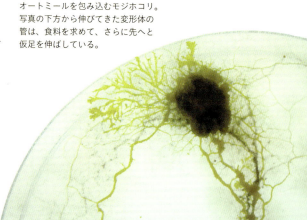

モジホコリの原形質流動を捉えた顕微鏡写真。原形質流動は、単細胞生物の体内で起きている情報処理の一形態だ。

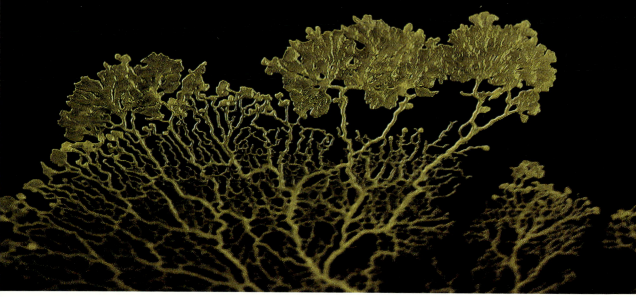

食料を探し求めて、変形体の管のネットワークを扇状に広げるモジホコリ。

　粘菌はどこか一点に根を張るわけではないので、感知した化学物質・光・湿気の分布を頼りに、餌や湿り気が最もありそうな方向へ、時間をかけて体ごと移動する。反対に、強い光や乾燥した場所、有害物質（たとえば塩や重金属）など、自身を傷つけるものからは遠ざかり、通り道に粘液で痕跡を残すことで、一度通った箇所の記録を残す。

　機動力のある変形体自身や枝分かれした仮足が食料を見つけると、それを包み込み、酵素を分泌して消化し、細胞内の核同士をつなぐ細胞質の管のネットワークを通じて隅々まで栄養を行きわたらせ、食料を食べ尽くす。理想は、すばやく、かつ効率的に摂食することだ。だから、食料から得た栄養を細胞全体に運ぶ導管の働きをする管は、栄養の流れを最適化するために、できるだけ短く、かつ太くなければならない。そのため、変形体の形状は刻々と変化する。変形体のもうひとつの特異な点は、ふたつ以上に切り刻んだとしても、それぞれの小片が独立した個体となり、同じように採餌（さいじ）と摂食を続けることだ。しかし小片を合わせると、再び結合してひとつの細胞に戻る。

　ここまではいいとして、次のような場合、粘菌はどのように振る舞うだろうか。たとえば、同程度に魅力的な食料（ここではオートミール2粒

としよう）を等距離に置き、粘菌に選択を迫った場合だ。モジホコリの論理は人間の論理とそう違わないので、環境の中を移動する際に物理的な制約がなければ、両方の食料に同時に仮足を伸ばす。そして、粘菌の変形を促進、または阻害する要因がない場合、細胞質の管をできる限り太く、かつ短くすることが、食料の発見を細胞全体に伝える最も効率の良い方法なので、最終的に粘菌は食料と食料をつなぐ1本の直線になる。そうしてさらに3粒目のオートミール

上と右ページの上の写真：
苔が生えた基材の上を、食料を求めて這い回る変形体。上の写真は仮足の一例。右ページの上の写真のように、1本1本の仮足と、仮足からなる樹木状模様を明確に区別するのは必ずしも容易ではない。

を与えると、細胞全体に十分な栄養を行きわたらせ、将来に拡張の余地を残すために、三角形またはY字形になる。仮に、栄養源の配置をもっと複雑にしていったとしても、粘菌はそれらを結ぶ最も効率の良いネットワークを見つけ出すことができる。

　これのどこが知的なのかと思われるかもしれない。しかし意外にも、指示を順々に処理する

従来のコンピュータにとって、空間内に分散した地点間を結ぶ最も効率の良い経路を見つけるのは、非常に悩ましい問題なのだ。事実、この問題は、コンピュータサイエンスや人工知能研究の黎明期から研究者たちを困らせてきた。

　「単一始点最短経路問題」と呼ばれるこの問題の解法として最もよく使われるのは、1950年代にオランダ人コンピュータサイエンティスト

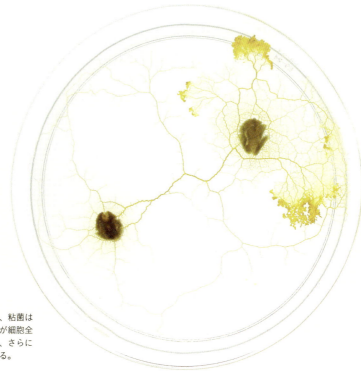

食料と食料を変形体の管でつないだ後、粘菌はその管を太くする。これにより、栄養が細胞全体に行きわたりやすくなるだけでなく、さらに食料を求めて仮足を伸ばせるようになる。

のエドガー・ダイクストラが考案した、その名も「ダイクストラ法」だ。実行方法の詳細については省くが、要するにこの解法では、通過したすべての点の位置と、点間の距離（あるいは点間を横断する難しさに影響する、別のタイプの重み）を記録しなければならない。つまり、グラフ内の点の数が多くなれば、それだけ点の位置と点間の距離を記録するための計算も複雑になり、ある一定数を超えると、システムが悲鳴を上げて停止してしまう。

　この解法は、物理的空間内の移動という問題にとどまらず、データセットのさまざまな探索手法や仮想空間の問題（たとえばインターネットのルーティングプロトコルの最適化）にも使われている。要は、2次元の迷路の形で提示できる基本的な意思決定問題については、もっと抽象的な表現方法があるということだ。

　その点、粘菌は迷路を解く達人だ。そのことの重要性には誰も気づいていなかったが、北海道大学の中垣俊之率いる研究チームが2000年、『ネイチャー』誌に興味深い論文「Maze-solving by an amoeboid organism」を発表した[*50]。この論文に記された実験は次のようなものだ。まず、横25cm×縦35cmのペトリ皿に寒天を敷き、プラスチックフィルムを使って迷路を作る。その迷路は、スタートからゴールまでの行き方が4通りになるように、かつそれぞれの経路の長さが異なるように設計した。そして、培養したモジホコリを小片に切り分けて

この迷路のあちこちに置き、その様子を観察したところ、モジホコリは乾燥したプラスチックフィルムの"壁"を避けながら寒天培地上で広がり、最終的に結合して、迷路の空間全体を覆うひとつの大きな個体になった。

　そこで研究チームは、今度はオートミール粉末を含む寒天の塊を餌とし、迷路のスタート地点とゴール地点に置いてみた。するとモジホコリは、最も効率の悪い経路や行き止まりに伸びていた体をすっかり引き上げ、最終的に餌と餌を最短経路で結ぶ1本の太い管だけが残った。実験を繰り返しても、たいていこの最短経路が選択されたという。このことから研究チームは、最短経路問題を解くこの細胞コンピューターのプロセスは原始的な知性の表れではないか、との結論を導き出した。

　ここで注意したいのは、2点間の最短距離を求める問題への粘菌の応用可能性を示したこの初期の実験は、飢えた粘菌の広がる動きではなく、粘菌の収縮運動を利用したものである点だ。つまり、ここでいうモジホコリの知性とは、ひとつの大きな細胞という状態を保ちながら、すべての経路のうちの冗長な経路から体を引っ込めることによって、餌と餌の間の栄養の輸送時間を最短化できる能力と定義できる。

　粘菌のこの収縮運動は、その後の中垣らの実験でも利用された。たとえば、2004年の論文「Obtaining Multiple Separate Food Sources: Behavioural Intelligence in the Physarum

*50　Toshiyuki Nakagaki, Hiroyasu Yamada and Ágota Tóth, 'Maze-solving by an Amoeboid Organism', *Nature* 28 September 2000, p.47. Toshiyuki Nakagaki, Hiroyasu Yamada and Ágota Tóth, 'Path Finding by Tube Morphogenesis in an Amoeboid Organism', *Biophysical Chemistry* 92 (2001), pp.47-52も参照。
*51　Toshiyuki Nakagaki, Ryo Kobayashi, Yasumasa Nishiura and Tetsuo Ueda, 'Obtaining Multiple Separate Food Sources: Behavioural Intelligence in the Physarum Plasmodium', *Proceedings of the Royal Society*, London, 7 November 2004

(vol. 271 no. 1554), pp.2305-2310.
*52　雑誌論文のタイトルを見れば一目瞭然だが、早稲田大学の高松敦子の研究内容は本書で紹介するにはあまりにも複雑すぎる。だが、高松の研究に触れないのは重大な過ちだろう。彼女の論文には次のようなものがある。'Spatiotemporal Symmetry in Rings of Coupled Biological Oscillators of Physarum Plasmodial Slime Mold' *Physical Review Letters*, PRESTO, Japan Science and Technology Corporation (13 Aug 2001) (with Reiko Tanaka, Hiroyasu Yamada, Toshiyuki Nakagaki and Teruo Fujii); 'Environment-dependent Morphology

in Plasmodium of True Slime Mold *Physarum polycephalum* and a Network Growth Model', *Journal of Theoretical Biology* (Jan 2009), pp.29-44 (with Eri Takaba and Ginjiro Takizawa); and 'Transportation Network with Fluctuating Input/Output Designed by the Bio-Inspired Physarum Algorithm', *PLoS ONE* 9 (2) (February 2014) (with Shin Watanabe).
*53　Atsushi Tero, Ryo Kobayashi and Toshiyuki Nakagaki, 'Physarum Solver: A Biologically Inspired Method of Road-Network Navigation, *Physica A* vol. 363, (15 April 2006), pp.115-119.

Plasmodium」に掲載された実験もそのひとつ
だ。この実験では、3つ以上の餌場があるときに、
細胞質の管によって作られるネットワークがし
ばしば数学的な最短経路に類似していることに
加え、粘菌のネットワークが断線などの障害に
強いことが示された[51]。

　中垣らの研究仲間の輪は、国内外を問わず、
どんどん広がっている。彼らの研究の大半は、
化学的信号を通じた細胞内コミュニケーション
や、原形質流動による管の形成・方向転換メカ
ニズムについて、きちんとした言葉で説明する
ことを目標としている。最終目標は、粘菌の自
然な振る舞いから数学的アルゴリズムを抽出す
ることだ[52]。

　科学者でない人にとってはどれも複雑で
理論的な内容だが、2006年の中垣らの論文
「Physarum Solver: A Biologically Inspired
Method of Road-Network Navigation」 は、
現実の問題への、粘菌の応用可能性を示した好
例といえる[53]。目指したのは、アメリカのシ
アトルからヒューストンまでの最短経路を示す
こと。そこで、研究チームはアメリカ全土を駆
け巡る州間高速道路の交点に対応する地図上の
点に餌を置き、実験を開始した。結果、モジホ
コリはこれらの点を実際の州間高速道路のよう
に結んだ後、しばらくしてから出発地（シアトル）
と目的地（ヒューストン）の点を結ぶ最短経路を
割り出した。たとえばオクラホマシティ―ダラ
ス間で交通事故が発生して道路が通行止めにな
り、迂回が必要になるといったケースも、変形
体の管を切断するだけで再現できた。こうする
ことで新しい経路が形成されたのだ。

中垣俊之が考案した迷路実験を参考にして行った、ヘザー
・バーネットの実験「Experiment No: 012―The Maze」
(2009)の連続写真。中垣は迷路全体に粘菌を這わせてから、
その後の収縮運動を利用して迷路を解かせたが、バーネッ
トはスタート地点に粘菌を置き、ゴール地点まで這わせた。
上から2番目の写真に注目。変形体が壁の隅の隙間から近
道しようとしているのがわかる（© Heather Barnett）。

最適輸送経路を作り出せるモジホコリの能力の中で最も目を見張ったのは、北海道大学のもうひとりの研究者、手老篤史が中垣と協力して行った実験だ。それは、関東地方の郊外の鉄道網を模倣するというもので[*54]、実験では、鉄道駅がある都市に対応する地図上の点、合計36か所にオートミールを配置した。高木清二が制作したタイムラプス動画には、出発点である東京に置かれた菌核から変形体が現れ、関東地方全体を覆い尽くした後、体を引っ込めていく様子が記録されているが[*55]、驚くべきことに、最終的に残った変形体の管は、実際の鉄道網の形とよく似ていた。また、初めに関東地方の地図全体に変形体を這わせた後に郊外の各主要駅にオートミールを配置した場合も、同じ結果が得られた。

粘菌が作り出したネットワークと現実の鉄道網に違いがあるとすれば、それは、実際の鉄道敷設計画の場合、初めに山や湖などの地理的制約を考慮に入れなければならなかったためだろう。そうした点を踏まえ、手老が率いた研究チームが地理的制約を強弱さまざまな光に置き換えて現実世界の地形を模倣したところ、さらに実際の鉄道網に近いネットワークが立ち現れたという。

粘菌はこれらすべてを、事前計画なしに、上空図などの情報にも頼ることなく成し遂げた。手引きしてくれるトップダウンの知性を一切持たないにもかかわらず、だ。やはりこの実験でも、代替経路を見つけ出す粘菌の能力（たとえば地図上からオートミールを取り除いて駅の閉鎖を再現した場合など）からは、耐障害性、経済性、効率性に優れたネットワークを設計するうえでの実際的な知見が得られた。

東京の鉄道網の実験結果は、論文発表時に多くの大衆紙で報道された。果たして研究チームは誇らしいやら恥ずかしいやら、「人々を笑わせ、考えさせた功績」に贈られるイグ・ノーベル賞を2010年に受賞した[*56]。彼らはほとんど無名の生物の驚くべき能力の片鱗を示しただけでなく、その研究は科学者がますます自然界にヒントを求めるようになっていることの証左でもあった。ちなみに、この研究にはイギリスの研究者も関わっていた。共同執筆者のダン・ベッバーとマーク・フリッカーはオックスフォード大学に拠点を置く研究者で、過去には、刻々と変化する複雑な栄養・環境条件に合わせてキノコの菌糸体がネットワーク構造を変化させることについて研究している。

ただ、フリッカーは抜け目ない。こうした粘菌の実験の限界について、彼はのちにこう述べている。「アナロジーを広げすぎないように注意しなければならない。粘菌ネットワークがある程度インフラネットワークと一致したのは確かだが、到底現実的とはいえないプロセスを経

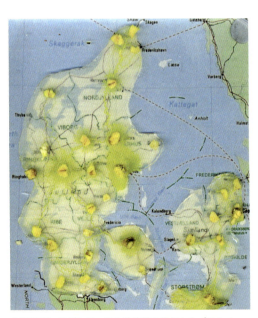

生物を用いてデンマークの道路網を評価した（© Andrew Adamatzky）。

*54 Atsushi Tero, Seiji Takagi, Tetsu Saigusa, Kentaro Ito, Dan P. Bebber, Mark D. Fricker, Kenji Yumiki, Ryo Kobayashi and Toshiyuki Nakagaki, 'Rules for Biologically Inspired Adaptive Network Design', Science vol. 327 no. 5964 (22 January 2010), pp.439-442.

*55 https://www.youtube.com/watch?v=BZUQQmcR5-g

*56 http://www.improbable.com/ig/winners/#ig2010

て構築されているため、実際の計画で再現でき
るとしても、応用の幅は限られるだろう。ただ
し、ファジィ情報の長距離伝達や、物理的な流
れに必然的に伴う保存則を利用した情報伝達な
ど、興味深い一般的概念を導き出せる可能性は
ある。また、生物界の多くのシステムが振る舞
いの助けとなるような振動現象を見せるのに対
し、人工的な制御戦略は意図的にそうした現象
を抑制しようとしている点も興味深い[57]。

　一方、イギリス西部の都市ブリストルにある
西イングランド大学では、ロシア生まれのコン
ピュータサイエンティスト、アンドリュー・ア
ダマツキーがモジホコリの能力について独自
の研究を行っている。アダマツキーの研究は、
2006年に日本の津田宗一郎から菌核入りの小
包を受け取ったところから始まった。

　アダマツキーの粘菌研究のひとつとして編纂
された、論文集『*Bioevaluation World Transport
Networks*』(2012) に掲載された一連の実験は、
表面的には、中垣や手老の研究からの影響が見
られる。しかし、アプローチや根底の理論は明
確に異なり、中垣らがモジホコリの振る舞いか
ら計算問題に応用できそうな数学的アルゴリズ
ムを導き出そうとしているのに対し、アダマツ
キーのアンコンベンショナル・コンピューティ
ング研究では、むしろコンピュータに別れを告
げる。目指すのは、「物理・科学・生物システ
ムに秘められた新しい情報処理原理や計算原理
を明らかにすることによって、今までにない非
標準的なアルゴリズムや計算アーキテクチャー
を開発すること、およびノンシリコンの──つ
まり湿潤な──回路基板に従来のアルゴリズ
ムを実装すること」である[58]。

　アンコンベンショナル・コンピューティング
についてはのちの章で触れるが、モジホコリの
変形体の管が描く模様が道路網に似ているとい

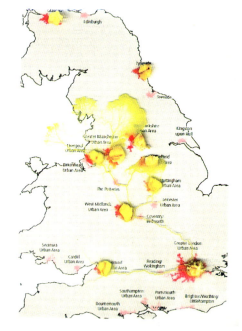

モジホコリを使ってイギリスの道路網を再現した。アンドリュー・アダマツキーの実験では、都市（オートミール）間の地形は考慮していないことに注意（© Andrew Adamatzky）。

うアダマツキーの指摘は、日本の研究からは独
立した立場で導き出されたもののようだ。ま
た、アダマツキーの広範な研究テーマは、粘
菌だけにとどまらないことも強調しておきた
い。確かに、粘菌単体で解くことができる計算
問題を幅広く扱ったアダマツキーの過去の著作
『*Physarum Machines: Computers from Slime
Mould*』(2010) は、本章で触れた中垣の先行研
究のほとんどに言及している。しかし、最終章
「粘菌を用いた道路計画」は、2006年に開始し
た彼自身の実験をベースに書かれた論考だ。そ
の実験とは、イギリスの地図上の都市に対応す
る各点にオートミールを置いたとき、モジホコ
リの管が描いた模様が実際の道路網に近似して
いたというものだった。

　モジホコリについては広く分野横断的な研

---

*57 Pete Wilton, 'Ig Nobel for slime
networks', Oxford Science Blog, 1
October 2010, http://www.ox.ac.uk/
news/science-blog/ig-nobel-slime-

networks
*58 *Physarum Machines*, p.1.

究が行われているが、アダマツキーはその研究ネットワークの中心的存在といえる（彼の活動についてものちの章で詳しく触れる）。アダマツキーが編纂した『Bioevaluation World Transport Networks』の各章の執筆者を見れば、それがいかに国際色豊かであるかは一目瞭然だ。執筆者の出身国は、ブラジル、カナダ、マレーシア、南アフリカなど多岐にわたる。また、各論文の章タイトルからは、かなり型破りで遊び心あふれた研究アプローチがうかがえる*59。

　これらの研究に共通の命題は、粘菌が既存の道路網の論理をどのように評価するかを確かめることがひとつで、もうひとつは、各国の首都を始点として粘菌を他の街や都市へ這わせた場合に、既存の輸送網との相違点が生まれる理由を探すことだ。もちろん、ペトリ皿のように真っ平らな地形であれば、都市間を完全な最短距離で結べるが、現実にはそのような地形は存在しない。そこでアダマツキーは最近の研究で、立体地図を用いて、シベリア鉄道などの経路を再現することを試みた。するとモジホコリは、最も標高が低い経路を好む傾向にあることがわかった。それは、低い場所には湿気が蓄積しやすいためだった*60。

だが、国内や国家間の輸送システムは、地理的要因だけでなく、歴史的・政治的・社会的要因がさまざまに絡み合うことで長い時間をかけて開発されてきたものだ（途中で首都が移転された国があることも忘れてはならない）。これらの実験の目的は、そうした要因を突き止めることにある。たとえば、モジホコリの進展模様からは1947年の東西ドイツの分裂が不可避であることはわからないが、旧東西ドイツの都市間を結ぶ主要輸送路がきわめて少ないことを見れば、その要因は比較的容易に特定できる。また、塩の結晶を忌避物質として使い、変形体の管が変形する過程を観察することで、局所的な自然災害や人為災害（洪水や原子炉のメルトダウンなど）が国内の交通網に与える影響を調べた研究者もいる。

　しかしアダマツキーは、粘菌に何らかの知性が備わっていると唱えることには慎重だ。中垣の研究成果を伝えた『ガーディアン』紙の記事の中で、アダマツキーは述べている。「モジホコリの知性は、せいぜい丘を転がり落ちる石──石だって坂道の最短経路を"選択"していますよね──あるいは太陽に向かって伸びる草くらいのものです。モジホコリは、物理や科学や生物の法則に従っているにすぎません*61」。

アダマツキーが作製したレリーフマップ。モジホコリがシベリア鉄道の経路をなぞっていることがわかる（© Andrew Adamatzky）。

もちろん定義の問題ではあるが、粘菌研究の焦点は過去数十年の間に生物学からテクノロジーへと大きくシフトし、その結果、使われる用語も変化した。以前は「自由生活性・多核性・非細胞性・移動性の原形質の塊」と説明されていた粘菌も、今では別の言葉で説明されるようになった[*62]。中垣は粘菌について、「二次元空間に分散された生化学反応体と見ることができるかもしれない」と主張する[*63]。これに対してアダマツキーは、「成長する伸縮性の膜に包まれた非線形の媒体、興奮性の柔らかい物質」であり、かつ「並列入力・並列出力を備えた並列無定形コンピュータ」と定義する[*64]。

ともあれ、粘菌に知性があろうがなかろうが、粘菌の振る舞いとそれを支えるメカニズムが以前に考えられていたよりもはるかに複雑であるという事実は変わらない。この点に関し、イギリス南部にあるサウサンプトン大学電子工学・コンピュータサイエンス学部の研究者、クラウス・ペーター・ツァウナー（モジホコリをロボットコントローラとして用いた、津田宗一郎との共同研究についてはのちの章で詳述）は『The Creeping Garden』で次のように主張している。

　　生きているものはすべて情報処理装置です。実際、私としては、生物は情報処理によって生き続けるシステムだと定義したい。コンピュータサイエンスの分野では、たとえば鳥を見て、あるいは粘菌を見て、そこにはデスク上の従来のコンピュータとは決定的に異なる何かがあることはわかっていますが、そ

の中で何が起きているかはまだ理解できていません。ですから、たとえば翼の形状とその空気力学を理解して大きな飛行機を設計できる段階にはありません。例えるなら、人間の体に直接羽根を糊付けして、粘菌の情報処理装置を付けて高台から飛び降りようとしているような、まだそういう段階なのです。ですが、いろいろと試していけば、いつかは誰かが本質を見抜いてくれるでしょう。

粘菌のこうした研究はまだ日が浅いが、あの小さな菌核の欠片から、偉大な何かが生まれることは間違いない。それでは、ここでいったん硬派な科学から離れ、少し脇道にそれてみたい。次のテーマは、もっと読者に馴染みのあるアートの世界だ。

アダマツキーのタイムラプス動画の画像。モジホコリがアメリカの各都市を結んでいる。大陸を外れて太平洋へと伸びている部分を見れば、粘菌の採餌行動を精密にコントロールすることがいかに難しいかがわかる（© Andrew Adamatzky）。

*59　Andrew Adamatzky and Pedro P. B. de Oliveira, 'Brazilian Highways from a Slime Mould's Point of View', pp.93-108; Andrew Adamatzky and Theresa Schubert, 'Schlausleimer auf Autobahnen: The Case of Germany', pp.143-159; Emanuele Strano, Andrew Adamatzky and Jeff Jones, 'Vie Physarale: Roman Roads with Slime Mould' pp.161-171; and Andrew Adamatzky, Genaro J. Martinez, Sergio V. Chapa-Vergara, René Asomoza-Palacio and Christopher R. Stephens, 'Physarum narcotráficum: Mexican Highways and Slime Mould' pp.195-209, in Andrew Adamatzky (ed.), Bioevaluation of World Transport Networks (World Scientific, 2012).
*60　これは『Bioevaluation World Transport Networks』には収録されておらず、『The Creeping Garden』で間接的に少し触れているのみ。
*61　Ed Yong, 'Let slime moulds do the thinking！' The Guardian Science (8 Sept 2010), http://www.theguardian.com/science/blog/2010/sep/08/slime-mould-physarum
*62　G.W. Martin, C.J. Alexopoulos and M.L. Farr, The Genera of Myxomycetes, University of Iowa Press, 1969 (1983 ed.), p.1.
*63　Toshiyuki Nakagaki, Hiroyasu Yamada and Ágota, 'Path Finding by Tube Morphogenesis in an Amoeboid Organism', Biophysical Chemistry 92, 2001, p.47.
*64　Physarum Machines, p.v. and p.12.

12 アートとサイエンス
科学とバイオアートが出会うとき

以前からずっと、ちょっと変だなと思っていることがある。作家や音楽家、画家、映画監督の作風を分析するときには彼らの私生活や流儀や動機があれだけ注目されるのに、数学者や物理学者、生物学者の思考プロセスがほとんど注目されないのは、いったいなぜだろうか。彼らが内に秘めるものも、十分魅力的だろうに……。

アートと科学は、一見全くの別物に見えるが、両者の重なりは思いのほか大きい。どちらも型破りな思考が求められる非常に創造的な営みで、アーティストであれ科学者であれ、世界の仕組みを解明しようと探求し続ける点は同じだ。

強いて相違点を挙げるなら、「アーティストは疑問を投げかけ、科学者は疑問への答えを探す」とか、「科学研究は主に実際的な性質を持つが、アートはもっと私的な、あるいは公的な場でアイデアを伝えることに重きを置く」といったことだろうか。だが、これらは少々短絡的な単純化だろう。また、アートと科学の違いは、使われる用語や手法によるところが大きい。そのように考えると、それぞれのフィールドで「成功」の度合いがどのように評価され、それ

によってアイデアの探求や発展のためにどのように財政的支援や財政的安定が提供されるかといった問題にも関係してくる。

アーティストも科学者も、目指すところは世間一般を巻き込むことだ（とはいえ、関わるかどうかを選択する権利は一般大衆の側にある）。その意味で、アートと科学がさらに重なり合う余地は大いにある。科学から着想を得たアーティストと、もっとクリエイティブな方法で科学の不思議を伝えようとしている科学者間の相乗効果を創出することは、アートと科学の溝を埋めるうえで大きな助けとなりそうだ。

たとえば、前章で述べたアンドリュー・アダマツキーの交通網実験、あるいは粘菌以外のものを使った、彼のもっと空想的なテイストのアンコンベンショナル・コンピューティング研究（彼は次世代の生物コンピュータにおいて、レタスの苗が電気線や回路代わりに使える可能性を発見した）と、ヘザー・バーネットの方法論寄りのアプローチ（タイムラプス動画の使い手である彼女は、コンピュータシミュレーションや参加型イベントを利用して、広く世間一般での粘菌の話題を盛り上げようとしている[65]）を比べてみよう。自らの営みを定義したり、活動の内容・方法・動機を語ったりするときに使う言葉は違えど、ふたりとも、見過ごされがちな生命体に光を当てるうえで大きな役割を果たしてきたことに変わりはない。

また、アダマツキーもバーネットも単独行動はしない。西イングランド大学の研究拠点、国際アンコンベンショナル・コンピューティング・センターに籍を置くアダマツキーは、ブリストル・ロボティクス・ラボラトリーと密に連携しているだけでなく、生体模倣ロボットの開

モジホコリの変形体の静止画を見てフラクタル模様を調べるヘザー・バーネット。

＊65　Andrew Adamatzky, 'Towards Plant Wires', *Biosystems* 122 (August 2014), pp.1-6. ヘザー・バーネットのホームページ：http://www.heatherbarnett.co.uk/

ヘザー・バーネットのアニメーション
「Physarum Collaboration Experiment
No:008－Oats on Felt: Over 14 Days」
の静止画（© Heather Barnett）。

ロッテルダムのヘット・ニュー・インスティテュートで開催された展示会「Biodesign」で実施された、ヘザー・バーネットの「Being Slime Mould（粘菌になりきろう）」企画。

発に取り組む研究者である津田宗一郎や、アートと科学の交わりとその社会的影響を研究しているアーティスト兼キュレーターのテレサ・シューベルト（ワイマール・バウハウス大学）を研究チームに迎え入れた[*66]。シューベルトの特筆すべき研究は、アダマツキーと共同で取り組んだモジホコリの研究だ。彼らは、モジホコリをウェアラブルデバイスの設計図として使えないかどうかを検討した。さらに、論文集『Experiening the Unconventional: Science in Art』（2015）も共同で編纂した[*67]。

　アダマツキーはまた、2013年3月から36か月にわたって分野横断的なプロジェクト「PhyChip」を実施した。ベラルーシ、中国、ギリシャ、日本、メキシコ、スウェーデンなど、遠く離れた国々の研究機関に所属する研究者たちを集め、「粘菌（モジホコリ）を用いて、動作可能な生体模倣コンピューティングデバイスを構築する」ことを最終目標に研究を行ったのだ（詳しくはのちの章で触れる）。プロジェクトメンバーのひとり、コンピュータサイエンティ

トのジェフ・ジョーンズは、2013年9月26日から翌年1月26日にロッテルダムのヘット・ニュー・インスティテュートで開催された展示会「Biodesign」でのヘザー・バーネットのインスタレーション作品のために、粘菌シミュレーションプログラムを作成した。それは、大型スクリーンの前を通る人々の動きを感知し、その動きを仮想の「オートミール」に見立て、粘菌が「オートミール」目がけてリアルタイムに伸びていくというものだった。

　一方のバーネットは、オンラインポータル「Slimoco: The Slime Mould Collective」を立ち上げた。このポータルは、「単純だが知的な生命体を用いた、興味深く、進歩的で、画期的な研究・制作活動のための場」で、「粘菌に関心を持つアーティストや科学者などをつなぎ、研究、知識、実験、画像を共有する場」と紹介されている[*68]。ここに集まってきた人たちは皆、直接招待されたのではなく、自らの意思でこの場所を見つけ出してきた人々だ。そう考えると、バーネットのポータルの構想は、モジホコリが作り出すネットワークの広がり方と非常によく似ている。また、このポータルは人気を博したスティーブ・ジョンソンの科学読み物『Emergence: The Connected Lives of Ants, Brains, Cities, and Software』（2001）でも説明されている、脱中心的かつボトムアップな振る舞いの表れだ[*69]。

　ジョンソンのその読み物のタイトルにもなっている「Emergence（創発）」とは、簡易な規則や相互作用を持つ単純なレベルの要素が自律的に組織化することによって、高度なシステムが生じる集団現象のことだ。それゆえに、アリのコロニーの集団的知性（個々のアリは「わずかな種類のフェロモンと最低限の認知能力しか持たない」うえ、全体像を認識しておらず、局所的な情報しか使わ

＊66　テレサ・シューベルトのホームページ：http://www.theresaschubert.com/
＊67　Andrew Adamatzky and Theresa Schubert, 'Slime Extralligence: Developing a Wearable Sensorial and Computing Network with Physarum polycephalum', working paper (University of the West of England, 2013）; Andrew Adamatzky and Theresa Schubert (eds.), Experiencing the Unconventional: Science in Art (World Scientific, 2015).
＊68　Slimoco: The Slime Mould Collective, http://slimoco.ning.com/

ない）あるいは脳の高度な機能は、個々のアリやニューロンの総和をはるかに上回る複雑な振る舞いを見せる[70]。

ジョンソンの読み物の起点となったのも、中垣俊之の迷路実験だった（ただ、ジョンソンはモジホコリに関する中垣の研究と、細胞性粘菌キイロタマホコリカビの先行研究を一緒くたに扱っている）。それもあってジョンソンは、「比較的単純な要素から高度な知性が構築されているシステムの謎を解明しようとしている科学者は、ダーウィンがガラパゴス諸島でフィンチやカメを観察したように、粘菌を観察することによってその謎を解明できる日が来るかもしれない」と述べている[71]。

バーネットの話に戻ろう。『The Creeping Garden』でも取り上げたが、彼女がロッテルダムで開催された展示会「Biodesign」で行った「Being Slime Mould」企画は、見ず知らずの人たちをロープでつなぎ、巨大な単細胞として行動してもらうというもので、混沌とした状況から粘菌を上回る"知的な"振る舞いが現れるかどうかを観察しようと試みた、遊び心あふれる参加型企画だった。

バーネットの活動は、なにも粘菌を使った作品だけにとどまらない。科学と物質的なアートを融合し、人々を巻き込み、楽しませ、笑わせるような、多彩な活動を行っている。たとえば、『The Creeping Garden』の中でバーネットは「micro-designs」という細胞柄の壁紙の制作コンセプトについて語っている。このデザインは、バーネットがイギリス南部にあるプール病院のアーティスト・イン・レジデンス◆だったときに、細胞診断部の助けを借りて制作したものだ。インテリアデザインと個人的な空間をモチーフにしたこの精密なデコレーションは、血液サンプルや子宮頸部塗抹標本など、人間にと

って最も身近な動植物を含む細胞片の顕微鏡画像を反復することによってできている。そのほか、オックスフォード科学史博物館に保管されている顕微鏡スライドの微細画像（たとえば化学物質の結晶、植物の細胞、ハエの翅（はね）など）の焼き増しも使用されている。アーカイブに保管され、人目に触れることのなかった博物館のコレクションの一端を世間に発信したのだ[72]。

こうした作品とは対照的に、「Physarum Experiments（モジホコリ実験）」プロジェクトは、作品自体ではなくプロセスを重視したものだとバートネットはいう。これは、先行研究に着想を得ることによって、あるいは積極的にコラボ

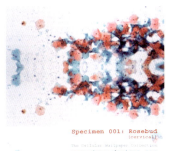

Specimen 001: Rosebud
(cervical)
The Cellular Wallpaper Collection
www.micro-designs.com

ヘザー・バーネットの細胞柄の壁紙デザイン「Yuletide」。イギリスの高級百貨店セルフリッジの売り場に展示された（© Heather Barnett）。

＊69 Steven Johnson, Emergence: The Connected Lives of Ants, Brains, Cities, and Software (London: Penguin Books, 2001).
＊70 同書、p.74.

＊71 同書、pp.11-12.
◆アーティストを一定の期間招聘し、そこに滞在しながらの創作活動を支援する制度。
＊72 壁紙、ランプシェード、家財道具

は、Micro-designs: original interior transformations (http://www.micro-designs.com/) で一般販売されている。

左の写真：細胞柄の壁紙デザイン：（上から順に）
「Yuletide」は頬内側の細胞片を、「Peach Blossom」
は血液サンプルを、「Rosebud」は子宮頸部塗抹標本
をもとにしている（© Heather Barnett）。

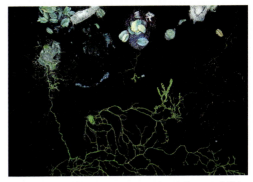

ウェルカム・トラストと UCL が 2008 年に主催したお絵描き
イベント「Drawing on Life」で、来場者によって作られた粘
菌アート（© Heather Barnett）。

レーションを模索し、それを糧にすることによ
って、粘菌の本質に迫る実験シリーズだ。

　バーネットが粘菌を知ったきっかけは、イギ
リス南西部にあるサリー大学の微生物学者サイ
モン・パークだった。パークはバーネットの鏡
写しのような人物で、メインの研究はバクテリ
アや分子遺伝学だが、アーティスト寄りの活動
もしていて、「自然界に元来備わっている創造
性を探究し、そこに秘められた形容しがたい物
語を明らかにするために、生き物を扱っている」。
そのパークは、自身のウェブサイト「Exploring
The Invisible」を「生物学の遊び場」だと説明
する。そして、「人間中心的なデザインを自然
に押しつけることはしない」といい、多くのプ
ロのアーティストとは違う存在だと主張するの
だが、自然界の研究対象は「創作活動における
共同制作者」だと語る点は、バーネットと同じ
だ[*73]。

　2008年9月、 バーネットとパークは、 ウェ
ルカム・トラスト（Wellcome Trust）とユニ
バーシティ・カレッジ・ロンドン（UCL）主催の
「Drawing on Life」というイベントでコンビを
組んだ。そこでは、来場者にさまざまな色のオ
ーツ麦ペーストで絵を描いてもらい、その作品
上に粘菌を這わせてオートミールを食べさせ、
それから1週間、一定時間ごとに粘菌の様子を
写真に収めた。こうして2人は、シンプルな短
編ストップモーションアニメを完成させた。

　バーネットが単独で取り組んだタイムラプス
動画「モジホコリ実験」は、この手法の延長線
上にあり、より精巧な機材を使って制作された。
そこには、さまざまな色の背景の上を粘菌に這
わせ、途中でオートミールや染色したオーツ麦
ペーストを追加することで、彼ら流の筆運びで
複雑な模様を描く粘菌の姿が収められている。
たとえば、「Experiment No: 006－Yuletide in
Green」では、緑色に染めたオーツ麦ペースト
で作ったクリスマスツリーの上を、粘菌がまる
で電飾のように広がっていく様子が見られる。

　この「モジホコリ実験」シリーズが掲げる目
標は、さまざまな培地を使ったり（たとえば湿ら
せたフェルト。これを餌に向かう粘菌の橋として使い、
その途中で何度も位置を変えた）、粘菌の採餌行動
の途中で餌の位置を変えたりすることによって、
モジホコリの反応能力を試し、どのくらい振る
舞いをコントロールできるかを明らかにするこ
とだ。

　バーネット自身が真っ先に補足するだろうが、
この一連の"実験"は、厳密な意味での科学実験
というよりも、実験芸術の意味合いが強い。目
標も、かっちりとした結論を導き出すのではな
く、粘菌の振る舞いとその能力を表現するこ
とにある。その意味で、映画『Magic Myxies』
の中で披露されたパーシー・スミスのアマチュ
ア科学者的な遊びとも重なる。スミスは同作品
の中で、進行する粘菌の通り道にヒ素を一滴た
らしてみたりしている。

*73　Exploring The Invisible: Works
from a Liberal Scientist that reveal
the hidden machinations of the
natural world: the third way, https://
exploringtheinvisible.com/

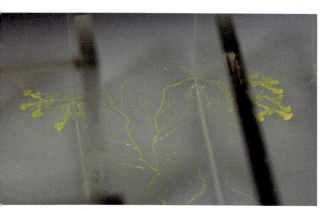

ヘザー・バーネットが「Study No: 019」で再現した中垣俊之の迷路。

バーネットの「モジホコリ実験」シリーズでは、途中から、より念入りに設定したタイムラプス撮影法が使われるようになった。たとえば「Experiment No: 011－Objective: to observe growth and direction over a 136 hour oat trail marathon」では、照明がより均等に当たるように調整され、撮影間隔もさらに厳密に刻まれている。こうした「モジホコリ実験」シリーズの進化と同時に、既存の発表論文の内容も取り入れられるようになった。なかでも中垣の迷路実験を参考にした「Experiment No: 012－The Maze」は、興味深い内容だ。スタート地点に置いた粘菌が餌を求めて進んでいく様子が映されているほか（前章で説明した収縮運動を使った方法とは逆の方法を用いた）、粘菌の進み方が徐々に加速していくことを視覚的に表現することで、粘菌が近道を求めて段ボール製の

壁のわずかな隙間をすり抜けていく様子も見られるのだ。先行研究でも強調されていたことだが、この実験からは、一部のきれいな実験結果のように粘菌をうまくコントロールすることは、そう簡単ではないことがよくわかる[74]。粘菌が自分の頭で考えているといっても過言ではないかもしれない。

さらに、迷路実験のリベンジとなった「Study No: 019」では、撮影テクニックがより一層進化を遂げ、以前の平面的なタイムラプスとは比べ物にならないほど映画的な映像に仕上がっている。光沢ある寒天培地の上にアクリルガラスで作った迷路（中垣論文の迷路を模したもの）を置き、粘菌が解く過程を映し出した作品だが、粘菌がゆっくりと移動する短いカットがいくつもつなぎ合わされているので、知性が発現している瞬間がよくわかる。さらにいえば、『The Creeping Garden』のタイムラプス動画と同様、意思決定の背後にあるメカニズムや、粘菌の移動手段である波打つリズムを、より詳細に観察できる。

バーネットは、採餌行動をするモジホコリが描いた模様をプリントした作品も制作した。映画内でのバーネットの説明を引用しよう。「このような枝分かれした模様は、自然界にさまざまなスケールで存在します。たとえば三角州の航空写真、木の枝、人間の血管などです。それから神経系も、ある意味では似ています。同じ模様が繰り返し現れるフラクタル模様のような

モジホコリの好き嫌い。2011年8月のマーゲート・フォト・フェストで行った実験より（上と右の写真・イラストはすべて © Heather Barnett）。

---

[74] これはヘザー・バーネットの実験に限ったことではなく、アンドリュー・アダマツキーによる各国の交通網実験でも粘菌が大陸を渡ったり、最短距離を外れたりしているし、中垣俊之の論文も逸脱の問題を統計的に処理している。

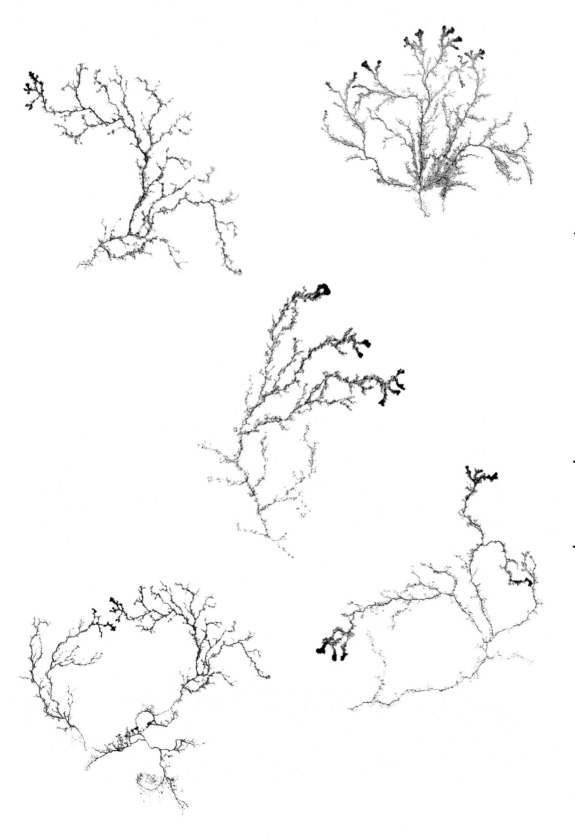

「Slime Mould Growth Studies」：#1 Amplification（増幅：左上）、#2 Cooperation（協力：右上）、
#3 Elaboration（精巧：中央）、#4 Recognition（認知：左下）、#5 Intention（意図：右下）

アーティストとしても活動している科学者のアンドリュー・アダマツキー。

ものが、粘菌には大量に見つかります。顕微鏡で見てみると、どれだけ拡大しても、同じ模様が繰り返し出てきます。マクロからミクロまで、フラクタル模様でできているのです」。

こうしたアーティスティックな実験の数々は、モジホコリの振る舞いを解明することだけが目的ではなく、広く社会に伝達することも目的のひとつとしている。2011年8月にイギリスの南東海岸にあるケント州で開催されたマーゲート・フォト・フェストで、バーネットは粘菌の好き嫌いを調べる実験を行った。一般の来場者にさまざまな物を粘菌の培地に置いてもらい、粘菌の採餌パターンへの影響を調べたのだ。その結論はというと、米、パスタ、小麦粉、麺、オーツ麦はガツガツ食べたのに対し、食塩添加パスタ、歯磨き粉、イブプロフェン（解熱鎮痛薬）、炭酸水素ナトリウム、アルカセルツァー（制酸剤・鎮痛薬）、チリパウダーはあからさまに避け、リップクリーム、唾、タバコ、緑茶にはどちらともいえない態度を示した。「8　粘菌の生育」の章で紹介した科学的な実験よりも魅力的で、見事な実験だったといえるだろう。

バーネットが立ち上げたオンラインポータル「Slimoco: The Slime Mould Collective」には、個人の投稿者による同様のアート作品が無数に並んでいる。どうやら、粘菌に出会った人々は皆、粘菌が持つクリエイティブな精神に触れ、その虜になるようだ。

アートと科学を融合した粘菌アートで、ひと

きわ目を引いたものがある。それは、2014年1月にアムステルダムで開催された2日間のワークショップ「DIY Bio-Logic」で披露された作品だ。

アート、サイエンス、テクノロジーのための研究所であるワーグ・ソサエティ（Waag Society）の主催で開かれたこのワークショップで目を引いた作品とは、生き物から得られる社会へのヒントについて関心を持つアーティスト兼デザイナーのマウリツィオ・モンタルティとソニア・バウメルによるものだ。ふたりは、粘菌の好物であるオートミール粉末を含むPDA（ポテトデキストロース寒天培地）を使って、ペトリ皿に3Dプリンタでさまざまな幾何学模様をプリントした[*75]。目的は、(1) 生き物とデジタルアルゴリズムの相互作用を観察すること、(2) そうした相互作用の可視化方法を検討すること、そして (3) 変形体の広がり方から、都市計画における人工建造物（ビルや歩行者用道路）の設計方法のヒントが得られるかどうかを確かめることだった。そこで、有機物を原料に3Dプリンタで建造物をプリントし、そこに粘菌を這わせて、建造物の構造を評価させたのだ。

この実験は、生物からヒントを得て作った設計コンセプトを、実務的なエンジニアリングにどのように活かせるかを探る試みだった。これを出発点として、あてどない自由な創作活動が始まった。その活動は今も続いているが、どこへ行き着くかはまだ誰にもわからない。興味深いことに、モンタルティとバウメルのふたりは2012年、中垣やアダマツキーがモジホコリを用いて行った輸送ネットワークの最短経路探索を参考にワークショップを開催した。ヨーロッパ屈指の迷路都市アムステルダムの地図を用い、博物館や美術館、ギャラリー、カフェに対応する場所にオーツ麦を置き、それぞれの地点間を粘菌がどのように結ぶかを観察したのだ。

一方、アダマツキー自身も粘菌を使ったあり

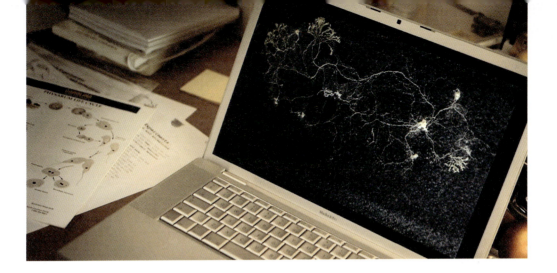

とあらゆるクリエイティブな実験を続けていた。一見すると彼の発表論文から逸脱しているようだが、どれも自身の論文を下敷きにしたものだ。その一部は著書『Physarum Machines』の前半部分で説明されている。たとえば、おもちゃの車や空のビールグラスの上に粘菌を這わせてその模様を写真に収めたり、カラフルに染色した物質を粘菌に食べさせてサイケデリックなカバーデザインを描かせたり……。さらには、彼のデスクに置かれた、人間の頭部のポリスチレン製実物大模型。『The Creeping Garden』では一言も言及されなかったが、あれは一体何なのだろうか……。

また、タバコや大麻、オーツ麦を使って、粘菌の嗜好を試したこともある（モジホコリはタバコには見向きもしなかったが、大麻が発する化学物質には惹かれたのか、一目散に大麻へと体を伸ばし、その後、栄養を求めてオーツ麦へと向かった）。さらに、息子と息子の彼女、そしてアダマツキー自身の血液サンプルを与えたところ、粘菌は若々しいフレッシュな血液に惹かれたという。そんなアダマツキーはオリジナルの粘菌アート作品を収録した書籍『The Silence of Slime Mould』も2014年に出版している[76]。

こうした愉快でローファイな実験の数々を見れば、科学もアートと同じく誰でも実践でき、必ずしも特別な機材は必要としないことがわかる。創意工夫のしがいがあるし、何より、どのような結果になろうと大きな達成感と楽しみを味わえるのだ。

上と下の写真：
ヘザー・バーネットがコンピューターで生成した粘菌アニメーション（上）とバーネット（下）。

＊75 ふたりのウェブサイトの URL はそれぞれ、Officina Corpuscoli（http://www.mauriziomontalti.com/）と http://www.sonjabaeumelat/
＊76 Andrew Adamatzky, *The Silence of Slime Mould*（Luniver Press, 2014）.

13 粘菌とコンピュータ
情報処理プロセッサとしての粘菌

知性の定義の仕方はひとつではない。人間以外の知性を測る伝統的なベンチマークといえば、チューリングテスト◆だが、これは、一般に自然言語を使用して行い、機械が人間と同等、または人間と見分けがつかない振る舞いを見せた場合に「合格」となるものなので、粘菌の知性を議論するためにはどう考えても適切ではない。粘菌は持ち前の分散処理能力で、従来のシリコン半導体を使ったコンピュータよりも効率的かつ確実に経路探索やネットワーク形成といったタスクを実行できる。その能力は少なくとも人間の能力と同等以上といえるが、粘菌が自身の行為を説明できないことは、火を見るより明らかだ。

単細胞である変形体の各部でどのような信号のやりとりがなされているのか理解しがたいのであれば、粘菌の能力を測定するにはまず、コンピュータプログラミングでいうところのブラックボックステストを実施する方法が適切だ

ろう。このテストは、入力とパラメータ（粘菌の場合は誘引物質と忌避物質）を与え、出力された情報（たとえば仮足の枝分かれ模様、細胞の移動方向、体内の原形質流動の周期・振幅・方向）を測定するというものだ。この方法なら、変形体内部で起きていることを理解せずとも、粘菌の振る舞いから有益な情報が得られる。

ミステリアスな粘菌との対話方法については、西イングランド大学国際アンコンベンショナル・コンピューティング・センターの研究者によって、ありとあらゆるフランケンシュタイン的な研究が実施されている。いくつか例を挙げると、「粘菌ひげ」なる触覚センサーを作り、粘菌に埋め込んだ毛が物体に触れたときの変形体の反応を観察した研究、水に浮かぶ小さな物体に変形体の"エンジン"をのせ、水上を進ませる研究、単純な揮発性有機化学物質に対するモジホコリの走化性を評価したベン・ド・レイシー・コステロの研究、既知の鎮静作用を持つ植物

アンドリュー・アダマツキーが作成した「粘菌ひげ」。これを使えば粘菌と対話できるかもしれない。

◆1950年にイギリスの数学者アラン・チューリングが考案。

国際アンコンベンショナル・コンピューティング・センターの研究員、ジェフ・ジョーンズの『Growth and consumption on nutrient rich substrate』(2009) のアニメーション。変形体の成長をコントロールした上田哲男の実験を、粘菌プログラムで再現した。上田の実験の詳細は、『Obtaining Multiple Separate Food Sources: Behavioural Intelligence in the Physarum Plasmodium』(2004) を参照。上のアニメーションでは、薄い灰色の正方形が栄養を、濃い灰色の正方形が危険地帯を表している。

自らの研究を説明するアンドリュー・アダマツキー。

に対する粘菌の好みに関する研究（一番人気は
カノコソウの根だった）、表面電位の振動を測定す
ることで粘菌の色識別能力を調べた研究（赤と
青には反応を示したが、緑と白には無反応だった）、粘
菌に磁性ナノ粒子を注入して電気回路の作製を
試みた研究などがある[*77]。一見、どれも奇想
天外な着想に思えるが、非常に興味深い発見も
出てきている。

　国際アンコンベンショナル・コンピューティ
ング・センターの教授であるアンドリュー・ア
ダマツキーがモジホコリの計算能力の研究を始
めたのは、前章で説明した道路網実験がきっか
けだった。『The Creeping Garden』で彼は次
のように語っている。

　粘菌が道路網を再現できるのなら、ほかの
タイプの計算もできるだろうと思ったので
す。そして粘菌が非常に効率的であることが
わかりました。もちろん時間はかかりますが、
計算の実行面では効率的です。いわば、生物
コンピュータです。私の粘菌研究はそこから
スタートしました。アンコンベンショナル・
コンピューティングの定義は人それぞれで
すが、私は、自然界に実装された計算アーキ
テクチャの未知のアルゴリズムやパラダイ
ムを見つけるためのひとつの方法だと考え
ます。たとえば、化学系、物理系、生物系
には計算アーキテクチャが秘められています。
では、なぜ粘菌を使うのかといえば、有機基

＊77 Andrew Adamatzky, *Physarum Machines: Computers from Slime Mould*, 'Chapter 13: Physarum Boats', pp.185-200; James Whiting, Ben de Lacy Costello and Andrew Adamatzky, 'Towards Slime Mould Chemical Sensor: Mapping Chemical Inputs onto Electrical Potential Dynamics of *Physarum polycephalum*', *Sensors and Actuators B: Chemical* 191 (2014), pp.844-853; Ben de Lacy Costello and Andrew Adamatzky, 'Assessing the Chemotaxis Behavior of *Physarum polycephalum* to a Range of Simple Volatile Organic Chemicals', *Communicative and Integrative Biology* (September 2013); Ben de Lacy Costello and Andrew Adamatzky, 'Routing of *Physarum polycephalum* Signals using Simple Chemicals', *Communicative and Integrative Biology* (September 2014); Andrew Adamatzky, 'On Attraction of Slime Mould *Physarum polycephalum* to Plants with Sedative Properties', *Nature Precedings* (May 2011); Andrew Adamatzky, 'Towards Slime Mould Colour Sensor: Recognition of Colours by *Physarum polycephalum*', *Organic Electronics* vol. 14 no. 12 (December 2013), pp.3355-61; and Andrew Adamatzky, Alice Dimonte, Angelica Cifarelli, Tatiana Berzina, Valentina Chiesi, Patrizia Ferro, Tullo Besagni, Franca Albertini and Victor Erokhin, 'Magnetic Nanoparticles-loaded *Physarum polycephalum*: Directed Growth and Particles Distribution', *Interdisciplinary Science - Computational Life Sciences* (November 2014).
＊78 *Physarum Machines*, p.1.

板を用いた計算をするためです。シリコンではなく、生き物を基板として使うのです。

アダマツキーは著書『*Physarum Machines*』の冒頭で、次のように明言している。「科学および工学の新興分野は、純粋な理論研究が大半を占めている。たとえば量子計算、膜計算、ダイナミカルシステム計算などだ[78]。アダマツキーはこれまでに、アリのコロニー、カニの群れ、液晶を対象とした代替計算モデルの研究成果を発表している[79]。

アダマツキーが行ったアンコンベンショナル・コンピューティングに関する重要研究のひとつに、興奮性「BZ反応」がある。BZ反応とはベロウソフ・ジャボチンスキー反応の略で、特定の刺激を受けると自己組織化的にパターンが形成される反応のことだ[80]。周期的に進行するBZ反応は、ある入力を用いて制御することで有益な計算の基礎を作ることができ、分類上は反応拡散コンピュータ（「相互作用しながら拡散

していくパターン・刺激・拡散波によって情報処理を行う、空間的に広がった化学系）の範疇に入る[81]。反応拡散系は、うまく利用できれば膨大な情報を含めることができるほか、エネルギー消費効率が優れているので、スマートデバイスやロボットコントローラの組み込みプロセッサに応用できる大きな可能性を秘めている。しかし残念ながら、こうした系はマイクロエマルジョン◆内に閉じ込めなければならず、高度に専門的な機材と化学のノウハウが求められる。

幸い、モジホコリは反応拡散コンピュータと振る舞いが驚くほど似ているし、あらかじめ変形体という粘膜の中にカプセル化されているので扱いやすい。そのうえ、アリのコロニーやカニの群れよりもはるかに飼育が簡単なので、実際、アダマツキーの実験は誰でも実践できるといって差し支えない。

アダマツキーによれば、モジホコリとは「並列入力・並列出力を備えた並列無定形コンピュータである。データは栄養源の空間配置で表さ

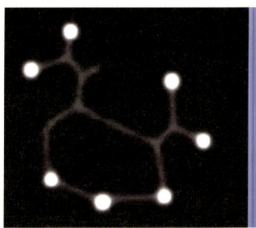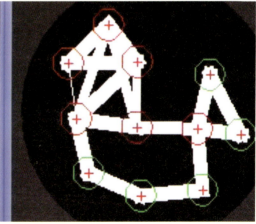

ジェフ・ジョーンズの粘菌プログラムは、巡回セールスマン問題（TSP）などの計算困難な問題を解くことができる。計算中にパラメータが動的に変化しても問題なく解ける（© Jeff Jones）。

[79] Ella Gale, Ben de Lacy Costello and Andrew Adamatzky, 'Comparison of Ant-Inspired Gatherer Allocation Approaches Using Memristor-Based Environmental Models', *Bio-Inspired Models of Networks, Information, and Computing Systems, Lecture Notes of the Institute for Computer Sciences, Social Informatics and Telecommunications Engineering* vol. 103 (2012), pp.73-84;

Yuta Nishiyama, Yukio-Pegio Gunji and Andrew Adamatzky, 'Collision-based Computing Implemented by Soldier Crab Swarms', *International Journal of Parallel, Emergent and Distributed Systems* vol. 28 no. 1 (2013), pp.67-74; and Andrew Adamatzky, Stephen Kitson, Ben de Lacy Costello, Mario Ariosto Matranga and Daniel Younger, 'Computing with Liquid Crystal

Fingers: Models of Geometric and Logical Computation', *Physical Review E* (2011).

[80] Andrew Adamatzky, Ben de Lacy Costello and Tetsuya Asai, *Reaction-Diffusion Computers* (Amsterdam: Elsevier, 2005).

[81] *Physarum Machines*, p.3.

◆互いに溶解しない液体の一方が、他の液体中に微細な液滴として分散したもの。

れ、計算プログラムは忌避物質と誘引物質の配置によってコーディングする。計算結果は、原形質のネットワークおよび変形体の位置によって表現される[*82]」。

粘菌にはこうした並列処理能力が備わっているが、アダマツキーの著書には、従来型のシリコンコンピュータの根幹をなす論理演算を変形体に実行させることで、既存の逐次処理コンピュータを再現しようとした実験が記載されている[*83]。これらの研究では、粘菌を用いて論理否定・論理積ゲートを実現した日本の研究（津田宗一郎、青野真士、郡司ペギオ幸夫が2004年に発表）と、アダマツキーとベン・ド・レイシー・コステロによるBZ反応系の研究を融合させることで、興奮性媒体中の波の断片を用いて完全な論理ゲートを作成できることが示されている[*84]。

論理ゲートの基本となるブーリアン演算は、数学、電子工学、哲学、コンピュータサイエンス分野の人にとってはなじみ深いが、映画の中で説明するのは、とてもではないが容易ではない。多くの人にとってはかなり抽象的に感じられる概念なので、視聴者の負担になってしまいかねないのだ。

論理ゲートの仕組みは、端的にいえば、0（「偽」や「オフ」）または1（「真」や「オン」）のひとつ以上の入力を受け取り、その入力をもとにひとつの論理出力を生成するというものだ。単純な否定ゲート（記号では¬x、NOT xまたは！xと表す）は、「偽」を受け取り「真」を出力（0を受け取り1を出力）する。その逆もしかり。論理積AND（記号ではx∧y、x AND yまたはKxyと表す）は、ふたつの入力が「真」の場合のみ「真」を出力し、それ以外の場合は「偽」を出力する。言い換えれば、結論を満たすには両方の条件が真でなければならない。簡単な言葉でいうなら、「犬に

は毛がある。犬は吠える。すなわち、犬には毛があり、かつ（AND）犬は吠える」となる。論理和OR（記号ではx∨y、x OR yまたはAxyと表す）は、入力のいずれか、または両方が「真」のとき「真」を出力し、それ以外の場合は「偽」を出力する（「りんごは赤または［OR］緑だ。赤または緑でないなら、それはりんごではない」）。

これらの基本的な演算を利用することで、もっと複雑な演算を作ることもできる。たとえば、排他的論理和XORは、初期入力条件のいずれか一方を満たしているときは「真」を出力するが、両方を満たしている場合は「偽」を出力する。言い換えれば、ふたつの入力が異なる場合（片方が「真」でもう片方が「偽」の場合）に「真」を出力する。排他的論理和は、論理積、論理和、否定を組み合わせて次のように表現できる。

x XOR y = (x OR y) AND NOT (x AND y)

これらすべての論理ゲートが実装されている装置は「計算万能である」といい、そうした装置を使えば汎用コンピュータを作成できる。「真」と「偽」は、電子工学、コンピュータ、デジタル通信の最も基礎的な単位である1と0のビットで表され、複数の論理ゲートを直列または並列に並べることで、さらに複雑な機能や計算を実行できる。たとえば、ANDは単純な加算演算の基礎単位で、ふたつの値が真のとき、真の出力値が次の論理ゲートの入力として引き継がれる。

では粘菌の場合は、どうすればこれらの演算が可能になるだろうか。日本の先行研究に話を戻そう。先行研究で利用したのは、モジホコリの振る舞いにおける3つの単純な規則だ。第一に、変形体は常に餌場に向かって進む。第二に、ほかに外的刺激がない場合、ひとつの変形体の

＊82 *Physarum Machines*, pp.12-13.
＊83 *Physarum Machines*, 'Chapter 7: Physarum Gates', pp.89-108.
＊84 Soichiro Tsuda, Masashi Aono and Yukio-Pegio Gunji, 'Robust and Emergent Physarum Logical-

Computing', *BioSystems* 73 (2004), p.45-55; Andrew Adamatzky and Ben de Lacy Costello, 'Experimental Logic Gates in a Rection-Diffusion Medium: The XOR Gate and Beyond' *Physical Review* E 66 (2002) ; Andrew

Adamatzky and Ben de Lacy Costello, 'Experimental Implementation of Collision-based Gates in Belousov-Zhabotinsky Medium', *Chaos, Solitons & Fractals* vol. 25 no. 3 (August 2005), pp.535-544.

断片は個別に機能するが、近距離に置くと互いに引き寄せられ、結合してひとつの個体になる。第三に、この点が重要なのだが、粘菌は可能な限り結合を避けようとする。まだ探索していない領域がある場合は、そこを探索してからでないと、ほかの個体とは結合しない。結合は、結合以外の手段がなくなったときの最後の手段なのだ（粘菌の分泌液にはポリガラクトースが含まれており、これが他の個体の忌避物質として働く＊85）。

　この振る舞いを利用すれば基本的な演算を実行できる。その方法はこうだ。まず、寒天培地上の入力経路の始点にひとつ、またはふたつのモジホコリの塊を置く。このとき、粘菌がただひとつの終点に向かうように、中垣俊之の迷路と同様にプラスチックフィルムで粘菌の通り道を区切る。最も単純なORゲートの場合は、Y字またはT字の通り道を作り、上部の左右ふたつの入力地点を始点として、下部の唯一の出力地点に向かってモジホコリは進む。入力地点に変形体を置かなかった場合は、もちろん出力はないが、「偽」と「偽」から「偽」の結果になるので論理ORの条件を満たす。ただし、入力地点のいずれか一方または両方に変形体をひとつずつ置いた場合は、変形体は妨げられることなくひとつの出力地点に向かって進むので、「真」の結果が得られる。

　ANDゲートを実行する場合は、通り道をもう少し複雑に設計し、ふたつの入力個体が互いを避けるよう仕向ける必要がある。変形体が、別個体の変形体の前進部分（先端部）ではなく、必ず、別個体の変形体がすでに通った部分と合流するようにするのだ。つまり、ふたつ目の個体の入力経路を長くして個体間に時間差を生じさせ、ひとつ目の個体の前端部が通った後にふたつ目の個体を合流させなければならない。ANDゲートの出力地点はふたつあり、どちらか一方の入力地点にひとつだけ変形体を置

いた場合、その変形体は必ず最寄りの出力地点に向かって進むが、その出力地点は要するにゴミ捨て場になっていて、その地点の結果は無視される。この場合、狙った「真」の結果は得られない。

　2体のモジホコリをそれぞれの入力地点から出発させた場合は、2個体目は1個体目を避けて長い経路を進み、目的の結果を生成する出力地点に行き着く。つまり、2体の粘菌を入力地

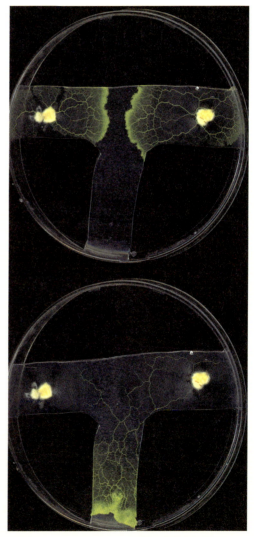

アダマツキーによるXORゲートの再現実験。詳細は『*Physarum Machines*』を参照（© Andrew Adamatzky, 2010, p.92）。

＊85　Soichiro Tsuda, Masashi Aono and Yukio-Pegio Gunji (2004), p.47.

点に置いたときのみ、「真」の出力地点に到達できる仕組みだ。しかし実際の研究では、ペトリ皿だけでは十分な長さの回り道を作れなかったため、1個体目を配置してから3時間以上あけて2個体目を配置する必要があった[*86]。NOTゲートの場合は、入力と反対の出力を得るためには1個体の入力しか必要ないが、その論理ゲートの実現にはさらに複雑に交差した通り道が必要になる。

アダマツキーはさらにXORゲートと1ビットの半加算器（ふたつの入力とふたつの出力［合計と繰り上がり］を扱う論理回路）を実現したが、そこまで説明するのは踏み込みすぎだろう。要するに、どちらの場合も、ある入力から目的の出力が得られるように、変形体の通り道の配置を工夫しなければならないのだ。

こうした実験結果は、理論上は興味深いものの、お察しの通り特に実用的というわけではない。そもそも、アダマツキー自身が認めているように信頼性に乏しい。実際、これらの論理演算を正しく実行できる確率は、60〜70%と非常に低い。ただ信頼性の低さは、未知のランダムな要因に帰着しそうだ。もしかしたら、粘菌には目の前の餌場以外に、まだ人間が気づいていないものが見えているのかもしれない[*87]。それよりも、電子に頼れば1ナノ秒で得られる結果のために数時間も待たなければならないのは、全くもって実用的ではない。それに、ペトリ皿がなければ論理演算をできないというのでは、ほんの初歩的な計算をするだけでも、大量の粘菌といくつものモジホコリ論理ゲートを用意しなければならないだろう。

空間的に分散したデータセットを表すオートミールを食べるモジホコリ。

*86 Soichiro Tsuda, Masashi Aono and Yukio-Pegio Gunji (2004), pp.47-48.
*87 Physarum Machines, p.108.

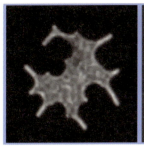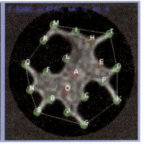

巡回セールスマン問題を解いているモジホコリの計算モデル。詳細は、ジェフ・ジョーンズとアンドリュー・アダマツキーの共著論文「Computation of the Travelling Salesman Problem by a Shrinking Blob」(2014) を参照 (© Jeff Jones, 2013)。

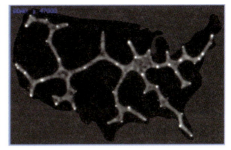

生体模倣コンピューティングの一例。粘菌の収縮運動を利用して、アメリカの鉄道網を再設計した。明らかな実用性が認められる (© Jeff Jones, 2013)。

だが、実験から満足のいく結果が得られなかったとしても、その努力は無駄ではない。それは、広大な知識の森の行き止まりの経路が見つかったということだし、実験で歩んだ道をある地点までさかのぼれば、また別の分岐点が見えてくる。論理ゲート実験からは、モジホコリという自然界の情報処理システムの一般的な活用方法がわかった。モジホコリの変形体をうまく配置し、理想的な条件が整い、計り知れないほどの時間と忍耐さえあれば、理論上は既存のコンピュータアーキテクチャの機能をすっかりカバーできる。「モジホコリマシン」は、計算万能な装置なのだ。

粘菌の振る舞いの時空間的な性質は、トップダウン処理よりも、計算幾何学や最適化問題に向いている。アダマツキーの『Physarum Machines』には、変形体の成長をコントロールすることによって、二次元平面上に並んだ有限個のデータ点 (ノード) から最小全域木を作れることが詳しく書かれている。最小全域木とは、各点をすべて通り、かつ重複や循環のないような、最も効率的な (ノード間の接続数が最小になるような) 木のことだ。粘菌は寒天培地上に並べたオートミール (=有限個のデータ点) から全域木を計算できるがBZ媒体はできない、ということをアダマツキーは示したのだ。

最小全域木は非常に汎用性が高く、データの分類や整理、人工知能、最短経路問題、回路設計など、多くの問題に応用できる。たとえば迷路問題は、意思決定プロセスを木の形で抽象的に表現できる問題のひとつだ。迷路を木で表現した場合、節 (ノード) は経路の分岐点を、節から節への移動は分岐点での進路選択を意味し、それが延々と続く。

複雑な迷路は分岐の多い大きなデータ木になるので、コンピュータアルゴリズムで最小全域木を求める場合、データセットが大きくなればなるほど、すべての選択肢の検討に必要な計算量が増える。そのため、データセットの大きさがある規模を超えると、処理量が多すぎてプロセッサで処理できなくなってしまう。

もうひとつ応用できそうな分野は、巡回セールスマン問題 (TSP) だ。これは、都市の集合が与えられときに (ただし都市間の距離はすべて異なる)、各都市を一度ずつだけ回ってからスタート地点に戻る最短経路を求める問題だ。こうした問題は「計算困難な」問題と呼ばれ、従来の計算装置で最小全域木を求めようとすると、最悪の場合、都市の数が増えるごとに実行時間が指数関数的に膨れ上がってしまう。

最後に、チェスを例にとって考えてみよう。チェスの対局を木で表現しようとした場合、ある時点で指せる選択肢の数は経路で表現することになる。ただし、この場合も盤上の駒の配置順列があまりにも大きな数になるため、ほんの数手の組み合わせを検討するだけでも、たちま

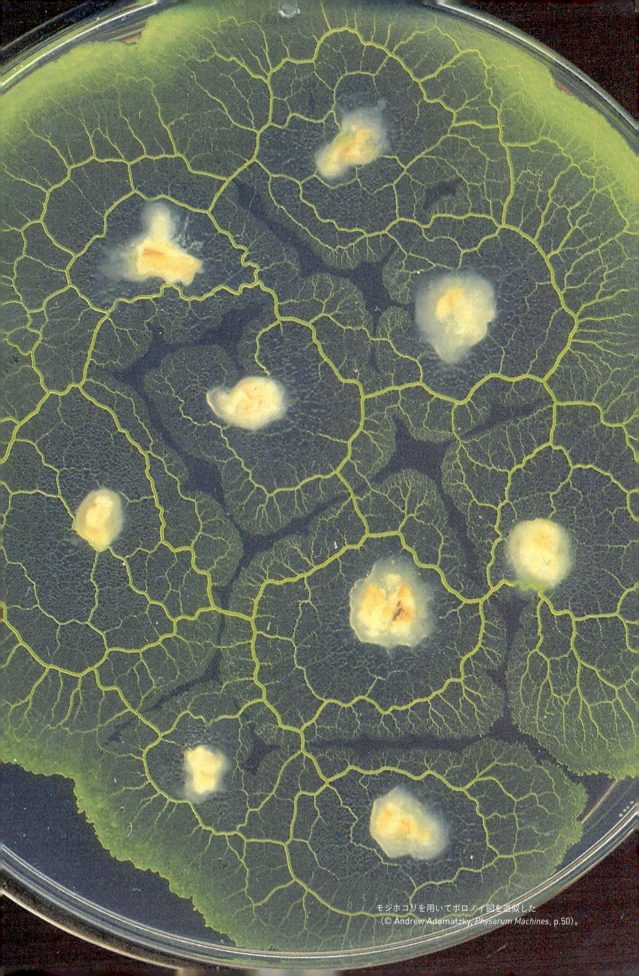

モジホコリを用いてボロノイ図を近似した
(© Andrew Adamatzky, *Physarum Machines*, p.50)。

ち手に負えなくなってしまう。

　モジホコリはそのほか、計算に有用なあらゆる最適平面グラフを近似するためにも使える。二次元平面の寒天培地上に、オートミールで有限個のデータ点を表せばいいのだ。一般の読者にとっては名前を列挙するだけでお腹がいっぱいになってしまうだろうが、たとえば最近傍グラフ、相対近傍グラフ、ガブリエルグラフ、ドロネー三角形分割、トゥサン階層といった、数学者にはよく知られているグラフを近似するために使える。多少の誤差は仕方ないし、一般的に振る舞いが予測不可能ではあ

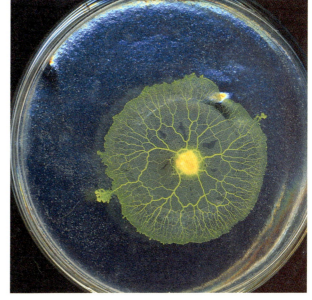

栄養豊富な基材上を広がるモジホコリ。1箇所から外側に向かって波紋のように広がっている（© Andrew Adamatzky, *Physarum Machines*, p.49）。

るけれども、「変形体が描く細胞質グラフは近接グラフの部類に入る」ことは間違いない。やはりモジホコリは、従来のシリコンコンピュータよりも高い計算効率でデータを整理、表現できるといえそうだ[88]。

　また、変形体を使えば、別の空間分割手法であるボロノイ図も描画できる[89]。この美しいモザイク柄のようなデザインは、カメの甲羅、キリンのきれいな網目模様、ハチの巣の模様、虫の翅など、自然界の中にもありふれている。ボロノイ図とは、平面上に複数の母点が与えられたとき、各母点間を結ぶ直線の垂直二等分線を引いて領域を分割した図のことだ。

　このボロノイ図を変形体に描かせるにはまず、栄養豊富な培地の上にモジホコリの小片を置き、それらを母点とする。採餌は不要なので、これらの小片は仮足を伸ばさず波紋のように広がっていく。津田、青野、郡司がAND論理ゲートで利用したように、変形体どうしは互いを避け

る傾向があるから、円形の変形体は隣り合う変形体に達する直前で拡大をやめる。そうしてできた変形体間の空白部分が、ボロノイ図の垂直二等分線にあたる。時間が経てば、いずれ変形体は合体してひとつの個体になるが、モザイク柄のような模様はしばらく維持されるので、はっきりと確認できる。

　ボロノイ図は、空間に分散された情報を表すための単純な幾何モデルとして統計学で使われている。たとえば、人口密度や降水量などを地図上で表現する場合だ。粘菌は特異な性質を持つため、残念ながら実用的なデータ表現には適していないが、それでも驚きではある。

　ともあれ、モジホコリは多くの場合において、従来のコンピュータよりも効率の面で明確な優位性がある。理論上は、モジホコリで表現されたデータ点をコンピュータに画像として取り込めば、そこからさらに高度な計算処理を実行できる。また、破損しても自ら修復できるほど頑

＊88 *Physarum Machines*, p.65.
＊89　Andrew Adamatzky, Tomohiro Shirakawa, Yukio-Pegio Gunji and

Yoshihiro Miyake, 'On simultaneous construction of Voronoi diagram and Delaunay triangulation by *Physarum*

polycephalum', *International Journal of Bifurcation and Chaos* 19（2009）, pp.3109-3117.

丈なうえに、エネルギー消費量も極端に少ない。さらにコンセントにつなぐ必要もなく、目的に応じてオートミールで体力をつけさせるか、栄養を含む基材の上に置けばいい。

　もちろん、人間も粘菌も生き物であり、生き物はそれほど単純にはできていない。そもそも粘菌は、光、湿気、においの変化など外的要因の影響を非常に受けやすく、特に明確な理由もなしに、進むべき道をそれてしまう傾向がある。目的の結果を得るためにひどく時間がかかることも大きな問題だ。また、求められているタスクを完了した後も、引き続き模様を発展させてしまう点も悩ましい。

　しかし、優れた情報処理メカニズムを備えていることから、従来のコンピュータで実行するための生体模倣アルゴリズムの開発においては、モデル生物として活躍する。国際アンコンベンショナル・コンピューティング・センターの研究員でもあるジェフ・ジョーンズは、まさにこの点を利用することで、どこからどう見ても本物の粘菌そっくりで、かつ粘菌そのもののように振る舞う、粒子ベースのコンピュータシミュレーションを作成した。

　生体模倣コンピューティングがモデルにするのは、進化、社会的行動、創発などの自然現象だ。初期の突破口は、1975年にミシガン大学のジョン・ホランドが提唱した遺伝的アルゴリズムによってもたらされた。これは最適化問題や探索問題に応用可能で、染色体を真似たビット列（0と1からなるデータ列）を用いて単純なアルゴリズムを解く。まず、問題を解くための候補解の集合がランダムに生成され、個々の解の効率（ダーウィン的な「適応度」という言葉で表現される）が評価されたのち、最も適応度の高かった解が生き残り、次世代アルゴリズムの入力となる。このとき、アルゴリズムはひとつ以上の指示が変更される（「突然変異」の創出）。そして各子孫の効率の評価が再び実行され、基準を満たさない子孫は破棄され、変異して基準を満たした子孫の集合が残る。そうして最適解に到達するまで、候補解が繰り返し生成される[90]。言い換えれば、候補解の集合が生成され、指定した世代数だけ処理が繰り返された後に「最も適応度の高い」解を選ぶという、ボトムアップ処理によって解が求められるのだ。

＊90　さらに詳しい説明は、Steven Johnson, *Emergence*, pp.57-62を参照。
＊91　Jeff Jones and Soichiro Tsuda, 'The Emergence of Complex Oscillatory Behaviour in *Physarum polycephalum* and its Particle Approximation', *Proc. of the Alife XII Conference*, Odense, Denmark, 2010.

アダマツキー率いる西イングランド大学国際アンコンベンショナル・コンピューティング・センターの研究員ら（津田宗一郎も2009〜2011年まで西イングランド大学に博士研究員として在籍）の研究に基づき、ジェフ・ジョーンズは、創発の概念を利用した仮想モジホコリを開発した。原形質流動の周期パターンによる相互作用を再現することによって、創発現象を粒子ベースコンピュータモデルで再現したのだ[91]。『The Creeping Garden』でジョーンズは次のように説明している。

　我々が作製したモデル粘菌は、非常に単純な粒子の振る舞いからできています。粒子単体では何も生み出しませんが、何千という粒子を相互作用させれば、創発現象を作り出すことができます。創発現象は、モデル内にあらかじめ規定されているわけではありません。そのうえ、元のモデルの単純な構成要素では説明できない現象なのです。

　ジェフ・ジョーンズの「YouTube」チャンネルの動画を見れば一目瞭然だが、仮想モジホコリは、異様なほど本物そっ

左と上の写真：
『Growth in Steinbock's maze』の粘菌プログラムの一連の画像。中垣俊之の2000年の実験を参考にした（© Jeff Jones, 2009）。

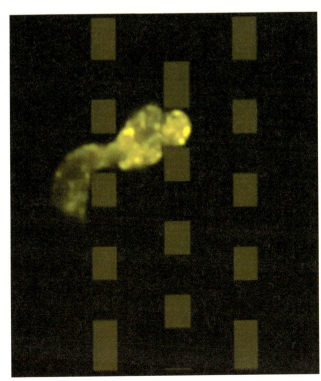

ジェフ・ジョーンズのアニメーション『Amoeboid Robot－Obstacle Course』より。粘菌プログラムは、現実世界で障害物を乗り越えて進むロボットのコントローラに応用できるかもしれない（© Jeff Jones, 2010）。

くりだ。そのピクセルの塊は、光や栄養源のコンピュータモデルから作った仮想迷路などの領域を脈打ちながら進んでいく[92]。ジョーンズがいうところの「仮想のネバネバ」は、コンピュータ画面上で切り刻んだり、形を整えたり、仮想の誘引物質や忌避物質、障害物を使ってさまざまな形に変化するよう誘導したりできる。いわば「実用的な計算に利用できる、パターン形成メカニズム」だ。

中垣俊之による最初の迷路実験、粘菌の収縮運動を利用した手老篤史の関東鉄道網の再現実験、アダマツキー編纂の論文集『Bioevaluation World Transport Networks』に掲載されたさまざまな道路網の再現実験など、これまで多種多様な実験を紹介してきたが、ジョーンズの仮想モジホコリはそのすべてを、はるかに正確かつ短時間で再現できる。

このように、仮想モジホコリの利点は計り知れない。とりわけ、巡回セールスマン問題などの組合せ最適化問題でその威力を発揮する[93]。だが、結果は必ずしも信頼できないし、従来のCPUの逐次処理アーキテクチャでしか実行できないので、粒子が増えてモデルの複雑さが増

せば、それだけパターン形成の速度も遅くなる。とはいえ、本物のモジホコリよりも圧倒的に短時間で結果を出せることに変わりはない。そのうえ、この新しい計算手法の特性を抽出すれば、ある種のタスクを実行するための古典的なアルゴリズムを再現できる。これは本物の粘菌にはない利点だ。さらに、二次元の基材から解放してやれば、もっと抽象的な計算にも利用できるかもしれない。結局のところ、仮想モジホコリは粒子モデルのコードから生じた創発現象の画面表現にすぎないのだ。では、高次元空間で刺激を変化させていくと、どのように構造を変化させるのだろう？　これらはジョーンズの研究範囲のほんの一部であり、彼は現在、画像処理システムや視覚認知システムのためのノイズ除去など、仮想粘菌モデルの実用的な用途への応用可能性を探っている[94]。

本物の粘菌がますます蚊帳（かや）の外に追い出されているようではあるが、粘菌を模倣したシミュレーションプログラムが今後どのような進化を遂げていくのか楽しみだ。想像の域を出ることはないが、もしかすると、より高度な知性を持った人工知能へと進化するかもしれない。

右の写真：
さまざまなタスクを実行させるための、仮想モジホコリのコントロール方法を示したアニメーション画像。一番左の列は、仮想モジホコリを三次元空間に当てはめた画像（© Jeff Jones, 2008〜2013）。

[92] https://www.youtube.com/user/physpol/videos; https://www.youtube.com/user/zeffman/videos.
[93] Jeff Jones and Andrew Adamatzky, 'Computation of the Traveling Salesman Problem by a Shrinking Blob', Natural Computing vol. 13 no. 1 (March 2014), pp.1-16. 'Shrinking Blob Computes Traveling Salesman Solutions', MIT Technology Review, 25 March 2013も参照。
[94] Jeff Jones and Andrew Adamatzky, 'Slime Mould Inspired Generalised Voronoi Diagrams with Repulsive Fields', International Journal of Bifurcation and Chaos (2013)；Jeff Jones and Andrew Adamatzky, 'Material Approximation of Data Smoothing and Spline Curves Inspired by Slime Mould', Bioinspiration & Biomimetics vol 9 no. 3 (2014)；Jeff Jones, 'A Virtual Material Approach to Morphological Computation', in Helmut Hauser, Rudolf Füchslin and Rolf Pfeiffer [eds.], Opinions on Morphological Computation (University of Zurich, 2014).

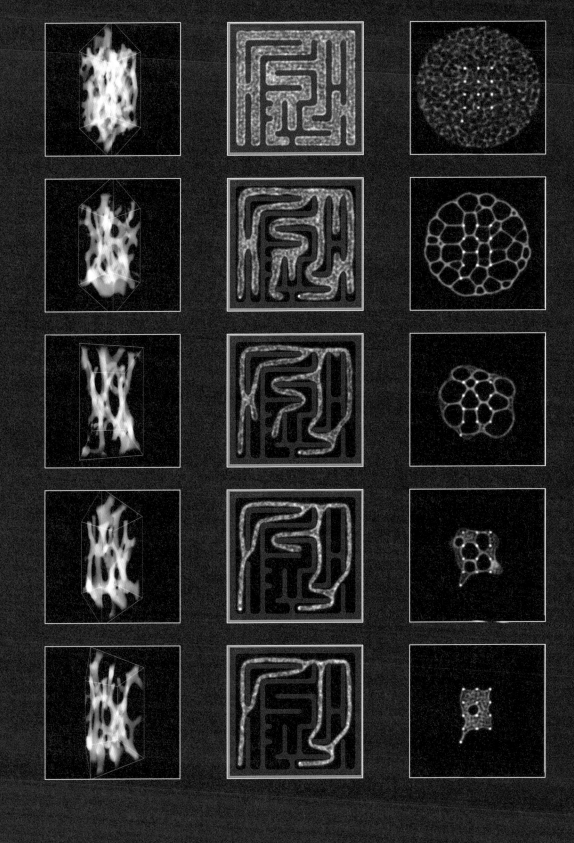

14 知性とロボット
粘菌でロボットを動かす

「生物と無生物の違いは、かつては物質の違いや適用できる自然法則の違いにあると考えられていたが、現在はそうではない。今では、生物もすべての無生物と全く同じ物質からできていて、それらを分け隔てるのは、物質の特異な構成によってのみであると考えられている。この構成は能動的な保守活動を行わなければ維持することができず、ゆえに情報処理が必要になる。したがって、計算を伴わない生命は考えられないのである」

—— Soichiro Tsuda, Klaus-Peter Zauner, Yukio-Pegio Gunji, 'Computing Substrates and Life', in Stefan Artmann and Peter Dittrich eds. , *Explorations in the Complexity of Possible Life: Abstracting and Synthesizing the Principles of Living Systems* (IOS Press, 2006), pp.39–49.

前章で触れたジェフ・ジョーンズの粘菌プログラムは、画期的ではあるが恐ろしくもある。アメリカのコンピュータサイエンティストであるユージーン・スパフォードの論文「Computer Viruses as Artificial Life」（1994）を読んだ読者や、押井守のアニメ映画『GHOST IN THE SHELL / 攻殻機動隊』（1995）やその続編『イノセンス』（2003）を観た読者なら、きっと想像がつくだろう[95]。これらの作品の根底に流れているのは、電子が作り出すビットやバイトから、ひょっとしたら悪意ある意識が生まれるかもしれないという考え方だ。

ブリストル・ロボティクス・ラボラトリーでの撮影中に真っ先に頭に浮かんだのは押井の映画だった。この研究所は、西イングランド大学のキャンパス内に建てられた広大な建物で、研究室を分け隔てる透明なパーティションには難解な数式が殴り書きされている。作業机の上は、複雑な回路基板、コンピュータモニター、メカ

ノイド（組み立て式人型ロボット）のばらばらの手足が所狭しと並ぶ。肉体から切り離された知性が物質世界に舞い戻ってくるという未来像はきっとこのことだろう、と胸にストンと落ちた。

ちょうど私たちが取材に行く直前、研究所のバイオエネルギーチームの研究がニュースで話題になっていた。それはイオアニス・イエロプロスがリーダーを務めた研究で、純粋に人間の尿だけを使って携帯電話を作動させる微生物燃料電池に関するものだった[96]。男性トイレには、進行中の研究プロジェクトに貢献したい人のために、採尿用のバイアル（ガラス製小瓶）が置かれていた。笑い飛ばすのは簡単だが、現実を見よう。エネルギー源になる可能性を秘めた何百万リットルもの液体が、毎日世界中で惜し気もなく流されているのだ。そして当たり前のことだが、従来型の電力発電のエネルギー源は無尽蔵ではないということを忘れてはならない。

この研究は、ロボティクス分野に深く関連し

右の写真：
6本脚のロボットを制御するために開発された
「粘菌回路」（© Soichiro Tsuda, 2007）

*95 Eugene H. Spafford, 'Computer Viruses as Artificial Life', *Artificial Life* vol. 1 no. 3 (Spring 1994), pp.249-265.
* 96 詳細は Jonathan Kalan, 'Is pee-power really possible ?', *BBC Future*, 12 March 2014, http://www.bbc.com/future/story/20140312-is-pee-power-really-possible を参照。

ている（実際、クリス・メルウィッシュ率いる別の研究チームは、ハエを消化して自己発電するロボットの研究で話題になった[*97]）。そもそも、人間のごく簡単な作業しか再現できないコンピュータ脳は図体がでかいばかりか、きわめてエネルギー効率が悪いという致命的な欠点を抱えている。手足を自動的に動かすなど、単純な運動機能を機械化する必要がある場合はなおさらだ。たとえば、有機／無機の情報処理システムを融合したバイオハイブリッド装置を研究しているドイツ生まれの研究者、クラウス・ペーター・ツァウナーが指摘するように、車を安全に運転できるロボットを設計した場合、バッテリーだけで人間のドライバーの重量を上回ってしまう。それに対し自然界の生き物は、機能面だけでなく重量やエネルギー効率の点でも、従来型のコンピュータをはるかに凌ぐのだ。

ツァウナーが津田宗一郎（西イングランド大学に移る前、2007〜2009年にかけてサウサンプトン大学に在籍した）と共同で行った研究では、粘菌の活用の可能性を示す、きわめて興味深い研究結果が得られた。ふたりが開発したモジホコリ制御式ロボットは、大衆メディアの科学系ニュースで大きく取り上げられたほか、やや異色の存在ではあったが、BBC4のドキュメンタリー『After Life: The Strange Science of Decay』（2011）にも登場した。

ツァウナーが粘菌研究の世界に足を踏み入れるきっかけとなったのは、前章で紹介した津田、青野真士、郡司ペギオ幸夫の論文「Robust and emergent Physarum logical-computing」（2004）だった。この論文では、ツァウナーがまだデトロイトにあるウェイン州立大学の学生だったときに執筆した分子コンピュ

モジホコリの変形体の成長に関する津田宗一郎の研究の一例（© Soichiro Tsuda, 2007）。

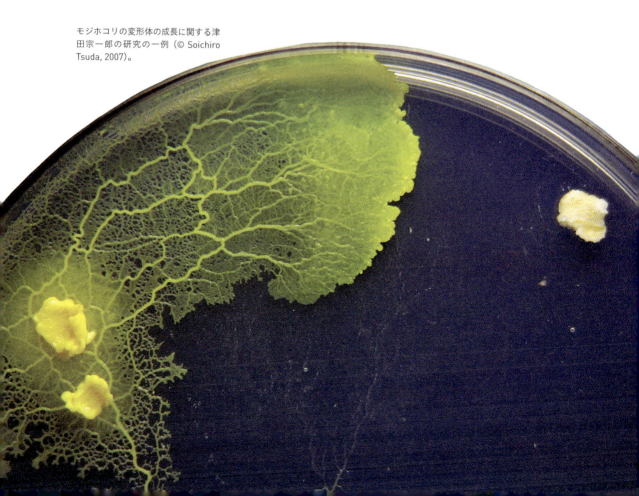

サウサンプトン大学電子工学・コンピュータサイエンス学部教授、クラウス・ペーター・ツァウナー。

ータの論文が引用されていた（ツァウナーは同大学でマイケル・コンラッドの指導のもと、コンピュータサイエンスの博士号を取得している[98]）。日本の研究チームが開発したモジホコリ論理ゲートを見たツァウナーは、自身が米国で博士論文を執筆していたときに、郡司が指導教授の研究室を訪れていたことを覚えていて、郡司にコンタクトをとった。こうして、ツァウナーのロボット開発プロジェクトが始まったのだった。

しかし、日本の先行研究に対するツァウナーの意見はあまりに率直だ。彼は次のように語っている。「そうですね、論理ゲートはかなり退屈な研究だと思いました。粘菌を使っているならもっと面白いことができるはずですからね。ですが、粘菌を活用するというアイデア自体は興味深いと思いました」。

確かに、モジホコリの変形体は単純な生命体かもしれないが、モジホコリを研究すれば、ロボット制御分野における現在の支配的なパラダイムに取って代わる、新たなパラダイムを創れ

るかもしれない。現在のロボット制御分野では、専用装置──環境の相互作用ループを、従来型のコードと回路で実行するデータ処理モジュール単位に分解する「行為分解」というパラダイムが支配的だ。ロボティクス分野ではこの行為分解アプローチによって多くの実用的な装置が開発されたが、人工の情報処理装置はすぐに壁にぶつかってしまった。物理的な"生息環境"と装置内のデジタル表現との間に根本的な乖離があるため、人間の介入なしでは、環境内をリアルタイムで自律的に行動するのは限界があるのだ。

しかし、求められるタスクにもよるが、複雑で動的、かつ未知の環境に適応するために時間をかけて進化してきた自然界の生物（人間、鳥、ハチ、粘菌、庭のつる植物など）は、人工物を凌駕するパフォーマンスを見せる。自明のことだが、生き物の物理的な構造とそのパフォーマンスを分けて考えることはできないし、「多くの認知機能は、身体・制御・環境を統合したシステム

[97] 'Fly-eating Robot Powers Itself', *CNN Technology*, 29 December 2004.
[98] Klaus-Peter Zauner and Michael Conrad, 'Molecular Approach to In-formal Computing', *Soft Computing* 5 (2001) pp.39-44. マイケル・コンラッド（1941〜2000）は進化的計算の先駆的な研究者だった。著作『*Adaptability: The Significance of Variability from Molecule to Ecosystem*』（Plenum Press、1983年）は、理論生物学の重要文献だ。

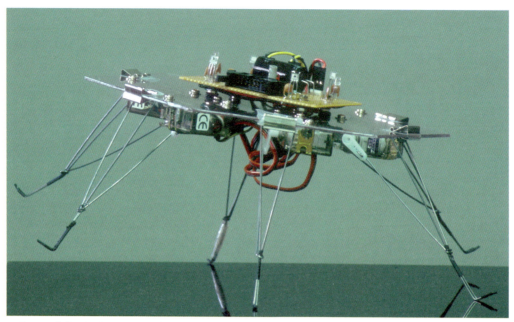

Φボット。1 個体の変形体で 6 本の脚の挙動を制御する（© Klaus-Peter Zauner, 2007）。

レベルの観点からでしか理解しえない[99]。したがって、ここで課題となるのは、生物と機械をつなぐバイオエレクトロニクスアーキテクチャを利用していかに生物の能力を引き出すか、ということになる[100]。

　そこでツァウナー、津田、郡司は、モジホコリ制御式ロボット「Φボット（ファイ）」を開発した。神戸大学で生まれたΦボットの初期型は、変形体の塊がのったペトリ皿を入れた暗い筐体（きょうたい）を頭脳とする、あらゆる方向に進める6本脚のロボットだった。「完全な光学インターフェースで細胞とロボットをつないだ」このロボットは、驚くほどシンプルな作りで、入出力信号には光が使われた[101]。

　ペトリ皿にのせた「粘菌回路」では、直径3mmの6つの円形エリア（各エリアが1本の脚に対応）を結んだ星型の寒天培地をプラスチックフィルムで囲み、粘菌の移動を制限する。それから、この粘菌回路を波長600nm（ナノメートル）のハロゲンランプで裏面から照らす（オレンジ色のハロゲン光は粘菌の挙動に影響を与えない）。そうして粘菌回路の6つのエリアそれぞれにモジホコリの変形体を入れ、回路の成長スペース全体がひとつの細胞で覆われるまで7時間待ったら、準備完了だ。

　ここで、いよいよロボットの出番となる。ロボットは暗い環境に置き、光を当てる。すると、ロボットに取りつけた6つのセンサーのうちひとつ以上のセンサーが光を感知し、それが一筋の白色光という形の信号に変換され、粘菌回路のひとつ以上の丸いエリアに照射される。変形体は白色光を嫌うので、円形のエリアから遠ざ

*99 Soichiro Tsuda, Klaus-Peter Zauner and Yukio-Pegio Gunji, 'Real-time Requirements and Restricted Resources: The Role of the Computing Substrate in Robots' in *Proceedings of the International Conference on Morphological Computation*, March 26-28 (European Center of Living Technology, 2007), pp.33-35.
*100 Soichiro Tsuda, Klaus-Peter Zauner and Yukio-Pegio Gunji, 'Robot Control: From Silicon Circuitry to Cells', *Lecture Notes in Computer Science* vol. 3853 (2006), pp.20-32; Soichiro Tsuda, Klaus-Peter Zauner and Yukio-Pegio Gunji, 'Robot Control with Biological Cells', *BioSystems* 87 (2007), pp.215-223.
*101 同書、（2007）、pp.219-220
*102 同書、（2007）、p.220..

かるように動く。このとき、各エリアの変形体を通して見えるハロゲンランプのオレンジ光の輝度（変形体の厚さに反比例する）をCCDカメラで測定する。端的にいうと、変形体が円形エリアを完全に覆っていれば輝度は最低になり、エリアから完全に退いていれば輝度は最大になるが、たいていの場合はこの間の状態になる。

CCDカメラで取り込まれたオレンジ光の輝度情報は、コンピュータへと送られてさらに処理された後、ロボットの筐体に送り返される。こうすることで、粘菌回路内の変形体の活動によって、各エリアに対応づけられた脚のリズムが制御される。まとめると、変形体全体の挙動がロボットの動作へと変換され、それによってロボットが感知する外部光の輝度が変化し、そしてまた変形体へと光の情報が伝わり、「変形体とロボットの周囲環境との間に閉ループ相互作用」ができ上がるのだ[102]。つまり、ロボットの挙動と粘菌の挙動が同期するので、ロボットは光源から暗闇へと逃げるように振る舞うというわけだ。

自律移動が可能な人工物と生き物との間にインターフェースを作るという壮大なプロジェクトから見れば、全方向に移動できる6本脚のΦボットの成果はほんのささやかな一歩にすぎないということは、当の開発者たちが真っ先に認めるところだろう。したがって、ここでの最大の関心事は、ロボット—細胞、および細胞—ロボットのマッピングを実現した手段ということになる。外界から取り入れた刺激とモジホコリの挙動を電子的につないだのは大きな成果だ。粘菌は、ロボットが感知した輝度に対して直接反応したわけではなく、ロボットが筐体内の粘菌に伝えた情報に反応したのだ。ツァウナーが『The Creeping Garden』で説明したように、これは事実上の「仮想現実的な状況」といえる。ロボットを通じて伝達された入力に対して反応し、自身の反応を6本脚のロボットにフィードバックしたからだ。

粘菌回路内の反応を輝度で捉えることにしたのは、特にこれといった理由があるわけではない。粘菌の挙動情報を抽出する方法が複数ある中で、とりわけ都合が良かったから光を選んだにすぎない。ただ、それによっていくつかの問題が生じた。たとえば、変形体の潤いを保とうとするとペトリ皿の蓋に結露が生じたため、

第一世代Φボットの制御に使用した「粘菌回路」の小さな成長スペース。
ペトリ皿と比べると、いかに小さいかがわかる（© Soichiro Tsuda, 2007）。

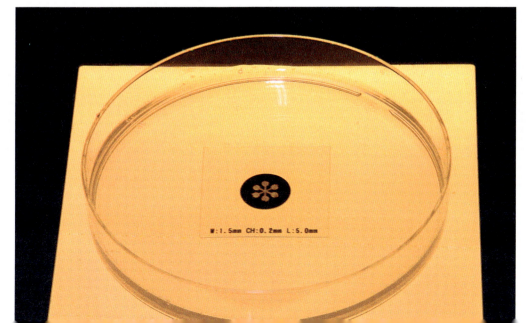

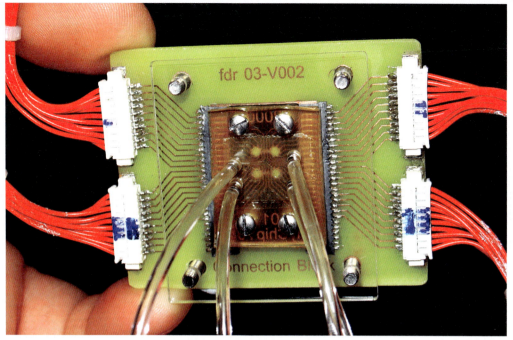

フェラン・レヴィラが、ハイウェル・モーガンとクラウス・ペーター・ツァウナーの協力を得て開発した「バイオチップ」。生物と従来型コンピューターのインターフェースとなる（© Ferran Revilla, 2007）。

CCDカメラの性能が妨げられ、輝度をうまく測定できない事態が生じた。そのほかにも、輝度情報を外部で処理するためにCCDカメラの検出データをケーブルでデスクトップコンピュータに送信しなければならず、ロボットの移動範囲が制限されてしまった。

　そうした点を踏まえ、サウサンプトン大学で開発された第二世代のΦボットでは、データの取り込み機構をより高度なものへと変更し、個体中の電気インピーダンスを測定する特製回路基板が採用された。この電気インピーダンス情報を、ロボットの土台に取りつけた小型のコンピュータプロセッサで処理することによって、

ロボットと外部の処理装置をケーブルでつないでおく必要はなくなった。また、6本脚の代わりに1組の車輪を装着することで、粘菌回路のマッピング箇所を6か所から2か所に減らした。2か所の電気インピーダンスが一致したときにはランダムに方向転換し、不一致のときはまっすぐ進むという仕組みで、粘菌の採餌行動を極限まで簡素化したのだ。

　このロボットを直径1mの丸テーブルに置いて実験を行ったところ[103]、第二世代のΦボットのほうがはるかにダイナミックな動きを見せた。ただ重要な一点においては、前世代から退化してしまった。それは、細胞―ロボットイン

左の写真
第一世代Φボットの欠点のひとつは、外的刺激への粘菌の反応を処理するために外部のコンピュータとケーブルでつながなければならなかったことだ。

＊103 Soichiro Tsuda, Stefan Artmann and Klaus-Peter Zauner, 'The Phi-Bot: A Robot Controlled by a Slime Mould' in Andrew Adamatzky and Maciej Komosinski (eds.), *Artificial Life Models in Hardware* (Springer, 2009), pp.213-232; Jeffrey Gough, Gareth Jones, Christopher Lovell, Paul Macey, Hywel Morgan, Ferran Revilla, Robert Spanton, Soichiro Tsuda and Klaus-Peter Zauner, 'Integration of Cellular Biological Structures Into Robotic Systems', *Acta Futura* 3 (2009), pp.43-49.

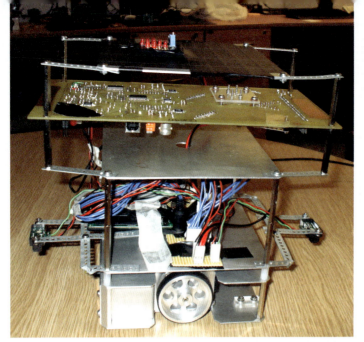

第二世代Φボットでは、より高度なデータ取り込み機構を採用したほか、6本脚の代わりに1組の車輪を装着することで制御系を簡素化した。これにより、粘菌内部の状態をさらにダイナミックかつ直接的に処理できるようになった。

ターフェースしかなかったことだ。つまり、ロボットが外界から受け取った情報を変形体へ伝える手段がなかったのだ。その結果、ロボットがテーブルの端から落ちるのを防ぐために、粘菌回路を完全に無視した外部センサーが必要になってしまった。それでも、研究の発表時点では実装されていなかったロボット—細胞インターフェースは、今後、十分に実現可能だろう。そのインターフェースがなければ、テーブル上のロボットは、どこからどう見てもただランダムに転がっているようにしか見えない……。

両世代のΦボットの制約要因は粘菌自体にある、と結論づける向きもあるかもしれない。リアルタイムの相互作用を実現するには、粘菌の動きは遅すぎる。確かに、ジェフ・ジョーンズの粘菌プログラムのほうがロボット制御には適しているのかもしれない。だが、この両世代のロボットコントローラにおいて方法論の違いに着目すれば、変形体の細胞内活動から抽出（ま

たは抽象化）できる情報はひとつではないということがよくわかる。たとえば、原形質流動の位相・波長・方向を測定すれば、変形体自体ののんびりとした拡大・収縮運動や、任意の点の厚みの変化による輝度の変動を測定する場合とは異なり、もっとダイナミックな動きが得られるだろう。少なくとも、この両世代のΦボットは、動きの遅さという変形体の大きな欠点を克服する方法を示したといえる。車を運転する人間のように、機械に乗った粘菌は、単独では到底カバーできない広い領域を動き回ることができたのだ。

粘菌にとってはこれで万々歳かもしれないが、実用性はどうなのだろうか。そこで次のことを想像してみてほしい。周囲環境の輝度ではなく、熱、気圧、湿度、特定の毒物の有無といった、光以外で測定可能な環境刺激をロボットのセンサーで感知し、それに基づいて変形体の挙動を制御したとすると……。もしかしたら、人間が

第二世代Φボットのデモ機を組み立てているクラウス・ペーター・ツァウナー。

行きにくい場所（軍事区域、警戒地域、製造現場など）を自由に移動できるロボットが実現できるかもしれない。

　一方の日本では、梅舘拓也と石黒章夫らが、中枢神経系ではなく分散神経系を搭載した、柔らかいボディの不定形アメーバロボットを開発中だ。粘菌の物理特性を真似て動くこのロボットは「blob-bot（ネバネバボット）」とも呼ばれ、中央の空気を満たした風船（粘菌の細胞質に相当）と、移動手段および誘引／忌避物質センサーを兼ねた外郭（伸び縮みするバネの相互作用によって進む）でできている。その震えるような動きは本物の粘菌に不気味なほどよく似ていて、ボディと制御装置、環境の境目を曖昧にしている。目標は、狭い空間に入っていく場合などに風船内の空気量を調整することで形状を変えられるような、自発的にさまざまな環境に適応できるロ

ボットを開発することだ[104]。

　このアメーバロボットは、自然界の生き物を模倣した完全な人工装置の開発という壮大な問題に対して、新たなアプローチ方法を提示した。そしてツァウナー、津田、郡司の研究活動は、細胞制御式自律ロボットの開発において粘菌には数多くの利点があることを示している。優れたエネルギー効率や自己修復能力に加え、比較的飼育が簡単であることや、単細胞生物ながらもヒトの脳細胞と違って扱いやすい大きさであること、さらには内部の現象を測定しやすいという利点がある。そして、以降の章で見ていくように脳細胞との共通点が多い。粘菌は、圧倒的な電力効率と万能性を誇るバイオエレクトロニクス装置を開発するうえでの理想的な出発点といえるだろう。

＊104　Christopher Mims, 'Amoeboid Robot Navigates Without a Brain', *MIT Technology Review*, 9 March 2012; Takuya Umedachi, Koichi Takeda, Toshiyuki Nakagaki, Ryo Kobayashi and Akio Ishiguro, 'Fully Decentralized Control of a Soft Bodied Robot Inspired by True Slime Mold', *Biological Cybernetics* vol. 102 no. 3 (March 2010), pp.261-269.

15 粘菌に記憶能力はあるか

単細胞生物の記憶のメカニズム

こ こまで見てきた粘菌の能力以外にも、研究する価値のあるテーマは存在する。本章では、粘菌の原始的な記憶能力に光を当ててみたい。粘菌の記憶能力は、半透明な粘液という、きわめて単純な形で現れる。粘菌が広がったり移動したりしたときに残すあの"足跡（粘液鞘）"——そのメカニズムは津田宗一郎、青野真士、郡司ペギオ幸夫が指摘し、粘菌のAND／NOT論理ゲートで利用した忌避行動の根底にあるものと同じものだ。粘菌が這った跡は、そこに残っている限り、実質的に細胞外の記憶装置として働き、変形体の採餌行動の道しるべとなる。一度這った場所を重複して通らないようにするためだ。

2010年、シドニー大学のクリス・リード率いる研究チームが、モジホコリの移動能力にその足跡が与える影響を明らかにした実験結果を発表した[105]。トゥールーズ第3ポール・サバティエ大学のオドレイ・ドゥストゥールと共同で行ったこの実験では、寒天培地を敷いたペトリ皿の片側に餌を、その反対側に変形体の塊をひとつ置き、乾燥した薄いプラスチックフィルムをコの字型に配置して餌までの最短経路をブロックした。すると、粘菌は自然と餌に向かって一直線に進み、袋小路にはまった。

前進できなくなった変形体は行き止まりの空間を物色したものの、自らの後ろに残った粘液の上を這って戻ることはなかった。しばらくコの字の内側を探索したのち、壁の外側を回る出口を見つけ、ペトリ皿の外縁に沿って下に進み、餌場にたどり着いたのだ。この実験を24回繰り返したところ、変形体は96％の確率で制限時間の120時間以内に問題を解くことができ、餌場までの平均到達時間は57時間だった。

そこで今度は、寒天培地の表面に変形体の分泌液を均等に塗布したうえで同じ実験を繰り返した。結果、分泌液があらかじめ塗布されているために化学物質の濃度勾配を感知できず、一度這った道の見分けがつかなくなった変形体は、全くの偶然で出口を見つけない限り、コの字の内側の同じ場所を何度もさまよい続けた。制限時間の120時間以内に餌場までたどり着けたのは33％にすぎず、平均到達時間も前回よりはるかに長い75時間だった。モジホコリの外部記憶を無効化することに成功したのだ。

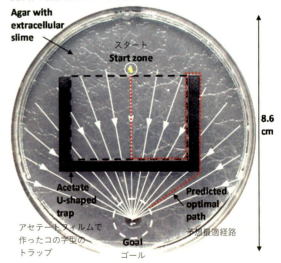

変形体の粘液を塗布した寒天培地

Agar with extracellular slime

スタート
Start zone

8.6 cm

Acetate U-shaped trap
アセテートフィルムで作ったコの字型のトラップ

Predicted optimal path
予想最適経路

Goal
ゴール

クリス・リードが粘菌の空間記憶を調べるために用意した実験セット（© Chris Reid, 2010）。

---

[105] Chris R. Reid, Tanya Lally, Audrey Dussutour and Madeleine Beekman, 'Slime Mold Uses an Externalized Spatial "Memory" to Navigate in Complex Environments', *Proceedings of the National Academy of Sciences* vol. 109 no. 43 (23 October 2012), pp.17490-17494.

変形体の這った跡が乾燥し、網目模様が残っている
（© Heather Barnett）。

アリのコロニーで利用される道しるべフェロモンも、自然界で見られる創発現象の好例だ。

　粘菌の採餌行動に似たものに、アリの"道しるべフェロモン"がある。コロニー全体の利益のために行動するアリは、フェロモンを利用して餌場を見つけ、記憶する。先の研究結果の発表時にリードが述べたように、「道に迷わないためには学習能力か高度な空間認識能力が必要だという前提は、道しるべフェロモンを残すアリなどの虫の研究結果によってすでに否定されています。我々はその説をいま一歩進め、神経系を持たない生物であっても、外部記憶に頼ることで複雑な環境の中を効率よく探索できることを示しました[106]」。

　この点は、これまでに紹介した多くの研究とも重なる。スティーブ・ジョンソンが前述の著書『Emergence』で主張したように、単純なプロセスから複雑な振る舞いが現れることはすでにわかっている。リードの「反応的ナビゲーション」という考え方もまた、ロボティクス分野での実用的な可能性を秘めている。「反応的ナ

ビゲーション」とは、あらかじめ記憶した地図や体内で構築したモデルに頼ることなく、至近距離の環境からフィードバックを得て、それを利用することで、動的に変化する複雑な環境の中を迷わずに進める能力のことだ。

　すでに述べたように、自律要素の仮想表現を用いた遺伝的アルゴリズムや自己組織化システムなどの生体模倣パラダイム（ジェフ・ジョーンズの粘菌プログラムが好例）は、携帯電話システムやインターネットのルーティングシステムなどの複雑なネットワークソリューションの分野でますます利用されるようになっている。ただし、こうしたデジタルな応用は、アリやハチや粘菌などの生物を表面的に模倣しただけにすぎない。

　リードの大きな目標は、中枢制御システムを持たない生物がコンピュータサイエンスの古典的な最適化問題を解く方法を調べることによって、各生物の行動メカニズムの同異点を明らかにすることだ。そこでリードは、アリとモジホ

＊106 'Brainless slime moulds can remember', University of Sydney News, 　9 October 2012, http://sydney.edu.au/news/84.html ? newsstoryid=10241

変形体の採餌行動が残した粘液の乾燥跡は、外部記憶と考えることができる。

コリが最短経路問題を解決する能力を試すべく、人工知能分野でよく知られた「ハノイの塔問題[107]」を応用して作成した空間問題で最適経路を見つけさせた。

　リード版のハノイの塔問題とは迷路形式で表現したもので、迷路のスタートからゴールへの行き方は全部で3万2678通りある。この課題を使ってリードは、アリと粘菌について、ふたつの最短経路のうちいずれか片方を見つけるまでの過程を比較した。結論は次のようなものだった。フェロモンを分泌して化学物質のネットワークを作るアリは、迷路の最短経路を見つけるまでの時間と正確さの点で粘菌を大きく上回っ

たのに対し、ひとつの細胞が伸び縮みしてネットワークを形成する粘菌は、迷路の一部の閉鎖や開放という変化にアリよりもうまく対応することができた[108]。ここでもまた、自らが体外に分泌した物質に頼ることで、一度通った道を引き返すことなく、効率的にタスクを完了することができたのだ。

　これまで空間記憶の話をしてきたが、時間記憶についてはどうだろう。そこで、リードの研究より数年前に発表された、北海道大学の三枝徹率いるチームの研究を紹介したい（粘菌の知的能力を初めて発見した中垣俊之も研究に参加）。この研究チームは、環境変動を予測して行動する

*107　Chris R. Reid, David Sumpter and Madeleine Beekman, 'Optimisation in a Natural System: Argentine Ants Solve the Towers of Hanoi', *Journal of Experimental Biology* 214 (2011), pp.50-58; Chris R. Reid and Madeleine Beekman, 'Solving the Towers of Hanoi - How an Amoeboid Organism Efficiently Constructs Transport Networks', *Journal of Experimental Biology* 216 (2013), pp.1546-1551.
ハノイの塔は、3本の杭（A、B、C）から構成されるよく知られたパズルだ。開始時は、大きさの異なる有限枚の円盤

が杭Aに、大きい順に下から積まれている。目標は、この円錐形の塔を杭Cに再現すること。円盤は、一番上に積まれたものを一度に1枚しか動かせず、小さな円盤の上にそれより大きな円盤をのせてはならない。したがって、円盤を移動させる際の選択肢は最大で2通りだ。開始時点では、杭Aの一番上の円盤を杭Bまたは杭Cに移動し、杭に積まれた円盤の順列が変わる。しかし次の選択肢はさらに限定される。ルール上、最初に杭Aから動かした円盤の下にあった大きな円盤を、それより小さな円盤の上に重ねることはできない。たとえば、一番小さな円

盤を最初に杭Aから杭Bに動かした場合、2回目の移動では、それよりも大きな円盤を動かせる場所は杭Cしかない（一番小さな円盤を杭Aに戻すのは意味がない）。杭Aに積まれた円盤の枚数が多いほど、最小移動回数は多くなる。問題を解くための最小移動回数は2n−1回（nは円盤の枚数）。最も単純な問題を考えた場合（開始時点で杭Aに円盤が3枚しか積まれていない場合）の最小移動回数は、$2^3-1=7$回となる。

*108　Chris R. Reid and Madeleine Beekman (2013).

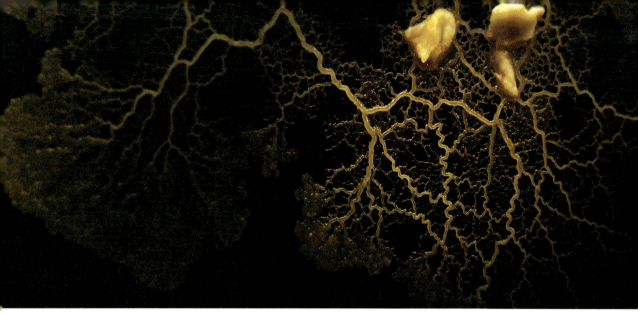

広がっていくモジホコリ。食料を求め、一度通った道を引き返すことなく外へ外へと進む。

というモジホコリのパブロフ型条件付けを示す、簡単な実験を考案した[*109]。

　まず、変形体を培養した寒天培地をインキュベーター◆に入れ、外気環境を気温26℃、湿度90%に設定したら、細長いレーンに沿って移動させる。そして10分おきに先端部の進展速度を測るのだが、しばらくしたら少しの間だけ外気環境の気温と湿度をそれぞれ23℃、60%に下げる。すると、予想通りに変形体の進展速度が大幅に低下し、再び好ましい環境に戻すと、粘菌の進展速度も元に戻った。

　この環境変動を一定時間おきに3回繰り返したところ、一様に、好ましい環境ではいつも通り元気に前進し、涼しく乾燥した環境では減速した。気温と湿度の低下という刺激は30〜90分おきに与えられたが、どの場合も粘菌は予想通りの振る舞いを見せたのだ。しかし驚いたことに、好ましい環境を維持したにもかかわらず、4回目の刺激のタイミングで粘菌は自発的に減速した。事実上、外気環境の変化を先回りして

予測し、それに基づいて適応したことになる。

　過去の活動に基づき、細胞外の空間刺激に反応するという能力について、リードの研究チームは興味深い仮説を立てた。「環境に分泌した化学物質からフィードバックを得るという行為は、粘菌よりも高度な神経機能を持つ生命体の記憶能力へと続く進化の第一歩だった」のではないか、と[*110]。三枝の研究結果も、粘菌が学習能力を備えた単純な細胞内時計を有し、以前に経験した周期的な変化を予測できることを示唆している。どちらの研究からも、粘菌という単細胞生物は、進化における初期過程の生ける証拠であることがわかる。生命は粘菌を出発点として、より高度な意識を持つ生物へと、体外の環境データに反応するだけの生物から、データを処理できる生物へ、さらにはデータを学習できる生物へと、進化してきたのだろう。

　このように見てくると、キューガーデンの菌類学部門長であるブリン・デンティンガーが、『The Creeping Garden』の中で「環境刺激に

＊109　Tetsu Saigusa, Atsushi Tero, Toshiyuki Nakagaki and Yoshiki Kuramoto, 'Amoebae Anticipate Periodic Events', *Physical Review Letters* 100 (January 2008).

◆温度を一定に保つ機能を持つ装置。
＊110　Chris R. Reid, Tanya Latty, Audrey Dussutour and Madeleine Beekman (2012).

対する機械的な反応にすぎない」と説明したものを知性と呼びたくなるのも無理はない。そして、これらの研究結果が示しているように、粘菌が見せる反応の根底にあるメカニズムは想像以上に複雑だということを忘れてはならない。粘菌は、人類が知る限り最大の単細胞生物だ（ウェールズ北部で発見された、通称 "タピオカ粘菌

[*Brefeldia maxima*]" の個体は、表面積1m²、厚さ1cmで、重さは約20kgだった）。ここで紹介したような研究によって単細胞生物内のプロセスの謎が明らかになれば、複雑な多細胞生物の構成要素についても、きわめて重要な知見が得られるかもしれない。

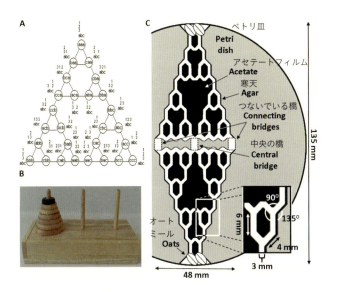

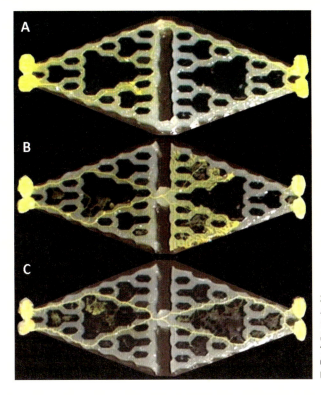

左上のイラストと左の写真：
ハノイの塔問題の探索空間を物理的に表現した。モジホコリが通る経路が問題の解き方を示している。
出典：Chris R. Reid and Madeleine Beekman, 'Solving the Towers of Hanoi-How an Amoeboid Organism Efficiently Constructs Transport Networks' (© Chris R. Reid, 2011).

16 粘菌の音楽
電子工学の見果てぬ夢とモジホコリの演奏

「ヘッドフォンの中では、大気の放電のはぜる音がまるで一斉射撃のように繰り返されている。その背景には深く低い音がうなっていて、まるで惑星そのものの声のようだ」

——スタニスワフ・レム著、沼野充義訳『ソラリス』（早川書房、2015）

ブリストル・ロボティクス・ラボラトリーに話を戻そう。今度は、エラ・ゲイルの研究に目を向けてみたい。ゲイルが研究しているのは、電子工学の見果てぬ夢と目されている素子、「メモリスタ」だ。既存の電子回路は、抵抗器、キャパシタ（コンデンサ）、インダクタ（コイル）というわずか3つの素子で構成され、これらを組み合わせることで電流を制限し、蓄え、変圧することによってシステム内の電流をコントロールしてきた。そんな中、1971年にカリフォルニア大学バークレー校のレオン・チュアが、第4の理論上の回路素子メモリスタの仮説を唱えた。メモリスタは抵抗器のように電流を制限できるが、電気抵抗は一定ではなく、過去に流れた電荷に基づいて決まる。つまり、電流の履歴を記憶できるという代物だ[111]。

メモリスタに秘められた可能性は無限大だ。これを用いて、神経系を模したニューロモーフィックな（脳のような）回路を作ることにより、コンピュータや電子機器の機能拡張が期待できる。さらに、再構成可能な何千ものシナプス結合を作れるニューロンのような役割をメモリスタに与えれば、いくつもの複雑な演算を同時に実行できるかもしれない。既存のコンピュータアーキテクチャでは、論理演算機能と記憶機能は回路上にバラバラに配置され、機能間の接続は数えるほどしかない。従来のコンピュータがパターン認識や顔認識などの複雑なタスクをこなすには膨大な計算を行うしかなく、エネルギーの効率、大きさ、速度の点ではニワトリの脳にさえ及ばないのだ[112]。

とはいえ、革命的な回路素子の仮説を提唱したチュアが述べたように、「内部電力供給を持たない物理的な装置としてのメモリスタは、まだ発見されていない」。何度かそれに近いものは開発されたものの、メモリスタの実用的な物理モデルはなかなか実現されなかった。しかし2012年3月、HRLラボラトリーズとミシガン大学の研究チームが、実際に機能するメモリスタの例を初めて世界に示した[113]。完全なメモリスタの商用化はまだ先の話だが、その実現に向けて膨大な数の研究が行われている。チュアもまだ現役バリバリのメモリスタ研究者だ。

2013年12月には、チュアも編纂に関わった論文集『Memristor Networks』が出版された。この論文集では、超高密度情報記憶装置やニューロモーフィック回路、プログラム可能な機器などにメモリスタを応用する可能性について検討している。もうひとりの編纂者は、ほかでもないあのアンドリュー・アダマツキーだ。彼も

---

[111] Leon Chua, 'Memristor - The Missing Circuit Element, *IEEE Transactions on Circuit Theory*, September 1971 vol. 18 no. 5, pp.507-519.
[112] てう、ニワトリは人の顔を認識できるのだ。Esther Inglis-Arkell, 'What Does It Mean When Chickens Share Human Beauty Standards?' *io9*, 23 July 2014, http://io9.com/what-does-it-mean-when-chickens-share-human-beauty-stan-1609162773 を参照。
[113] Kuk-Hwan Kim, Siddharth Gaba, Dana Wheeler, Jose M. Cruz-Albrecht, Tahir Hussain, Narayan Srinivasa and Wei Lu, 'A Functional Hybrid Memristor Crossbar-Array/CMOS System for Data Storage and Neuromorphic Applications' *Nano Letters* vol. 12 no. 1 (2012), pp.389-395. 'Artificial Synapses Could Lead to Advanced Computer Memory and Machines that Mimic Biological Brains', HRL Laboratories press release, 23 March 2012, http://www.hrl.com/hrlDocs/pressreleases/2012/prsRls_120323.html.

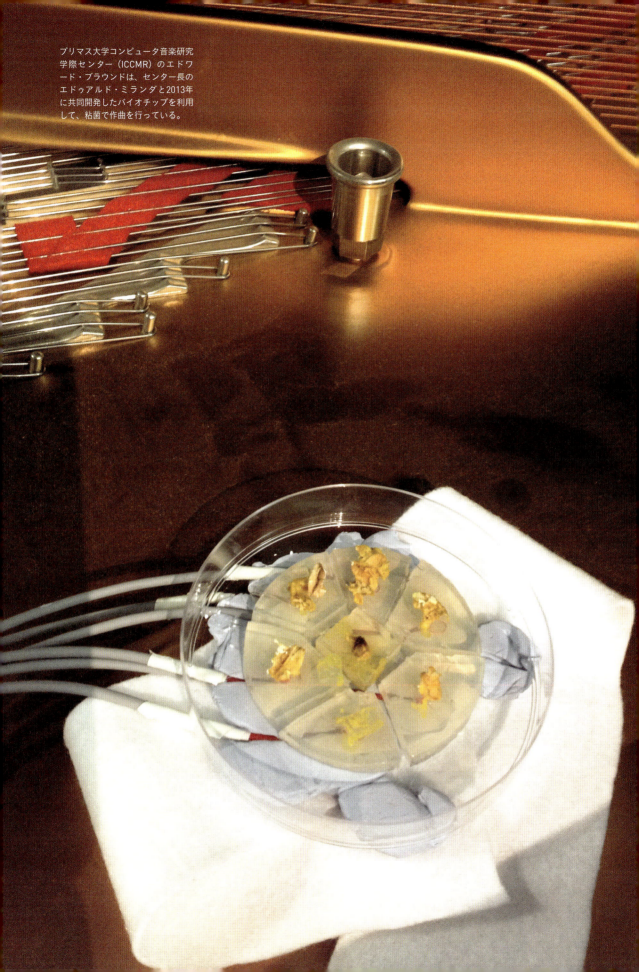

プリマス大学コンピュータ音楽研究学際センター（ICCMR）のエドワード・ブラウンドは、センター長のエドゥアルド・ミランダと2013年に共同開発したバイオチップを利用して、粘菌で作曲を行っている。

また、この分野の熱心な研究者なのだ[*114]。

メモリスタに関するアダマツキーの数ある論文の中でも、本章に関連するものとして2本の論文がひときわ目を引く。どちらも、ゲイルおよびベン・ド・レイシー・コステロとの共著で、2013年にドイツのカールスルーエで開催されたIEEEロボティクス・オートメーション国際会議で発表された。題名は「Does the D.C. Response of Memristors Allow Robotic Short-Term Memory and a Possible Route to Artificial Time Perception？」と「Design of a Hybrid Robot Control System using Memristor-Model and Ant-Inspired Based Information Transfer Protocols[*115]」で、両論文とも、適応と学習が可能な分散ネットワークの開発を目指し、自然界のメモリスタ的プロセスに着目している。特に1本目の論文は、メモリスタを短期記憶装置の一種として使用すればロボットに人工的な時間感覚を持たせられるかもしれないと主張したうえで、「真核生物であるモジホコリは多数の核の相互作用によって単純な学習能力を発揮する」とモジホコリを名指ししている。

一方、知性を持つ生体模倣ニューロモーフィックコンピュータの構築に向けて研究を続けているゲイルは、ヒトの脳細胞と粘菌の変形体のメモリスタ的特性について詳しく調べた。ラボでの実験の一環として、これらの細胞の生理学的状態を調べ、さまざまな刺激に対する反応を測定したのだ。モジホコリの場合は、移動などの行為によって変形体内部で生じる電気的変化を測定したが、その際、大量のデータのスパイク（とがった波形）やパターンを明らかにするために、この出力データを音波に変換し、反応をリアルタイムで把握できるようにした。

この可聴化（ソニフィケーション）は、アダマツキー、ジェフ・ジョーンズ、エドゥアルド・ミランダが2011年に発表した論文「Sounds Synthesis with Slime Mould of *Physarum polycephalum*」を参考にした試みだ[*116]。ただ、アダマツキーらが使用した方法はもっと単純なものだった。まず、無栄養寒天ジェルを塗布し、先端にオートミールをのせた8本の電極をペトリ皿上に配置し、電極の寒天どうしが接触しないよう、各電極の下には非導電性のプラスチックフィルムを敷く。そして、別の1本の基準電極に変形体の塊をのせ、ペトリ皿上を自由に這わせて、8本の測定電極のオートミールに向かわせる。粘菌の採餌行動は非常にゆっくりと進むので、1回の実験につき1週間を要するが、実験期間中は、測定電極の電位変動（変形体が電極のオートミールを包み込むと電気刺激が生じる）を毎秒記録する。アダマツキーらは、こうして得られた8チャンネル分の生データを圧縮したものをピッチとアタックに変換し、約90秒間のサウンドを作成したのだ。

期待を損ねるようだが、得られたのはとても心地よいとはいえないサウンドだった。この先行研究の実験セットはそもそも音楽を作ることが目的ではなく、「短期振動挙動と長期低周波振動の複雑な相互作用によって、変形体全体で情報がやりとりされている」という先行研究の成果を利用したものだった[*117]。アダマツキーらの目的は、モジホコリ全体の細胞内活動の変化

*114 Andrew Adamatzky and Leon Chua (eds.), *Memristor Networks* (Springer, 2013).
*115 Ella Gale, Ben de Lacy Costello and Andrew Adamatzky, 'Does the D.C. Response of Memristors Allow Robotic Short-Term Memory and a Possible Route to Artificial Time Perception？' in *International Conference on Robotics and Automation* (ICRA), (Karlsruhe: Institute of Electrical and Electronics Engineers, May 2013)；'Design of a Hybrid Robot Control System using Memristor-model and Ant-inspired Based Information Transfer Protocols' in *International Conference on Robotics and Automation* (ICRA), (Karlsruhe: Institute of Electrical and Electronics Engineers, May 2013).
*116 Eduardo R. Miranda, Andrew Adamatzky and Jeff Jones, 'Sounds Synthesis with Slime Mould of *Physarum polycephalum*', *Journal of Bionic Engineering* 8 (2011), pp.107-113.
*117 Andrew Adamatzky and Jeff Jones, 'On Electrical Correlates of *Physarum polycephalum* Spatial Activity: Can We See Physarum Machine in the Dark？', *Biophysical Reviews and Letters* 6 (2011), pp.29-57.
*118 Eduardo R. Miranda, Andrew Adamatzky and Jeff Jones (2011).

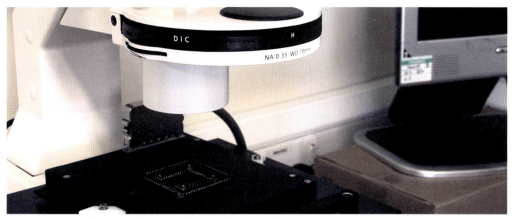

マルチ電極アレイを使って、モジホコリの細胞全体の電気的活動を記録。

を長期的に記録し、視覚表現以外の方法で、はっきりと知覚できるようにすることだったのだ。

音というのは、きわめて感情的な情報伝達手段だ。アダマツキーは自身の研究成果について、『The Creeping Garden』の中で「ハッピーなメロディー」や「パニック状態」などの言葉を使って説明しているが、実験装置で作られた騒々しい不協和音が粘菌の心の状態を反映していると結論づけるのには、慎重であるべきだろう。音が伝えているのは、「寒天を覆う」、「仮足を伸び縮みさせる」、「変形体内部の興奮波と収縮波の相互作用」、「乾燥し始めたときの振動」、「休眠状態への移行」といった、粘菌のさまざまな振る舞いによって生じた電気パルスから得られた、複雑で動的な情報にすぎない。

こうした生データを音で表現するときの問題は、電気パルスをどの楽器の音に変換するかということに尽きる。心地よい音色の楽器（た

とえばハープや鉄琴）に出力をマッピングするか、相性のよい特定の音に各チャンネルを割り当てれば、確実にもっとメロディアスな表現ができるだろう。

アダマツキー、ジョーンズ、ミランダが論文で説明した人間の介入に関してもうひとつ注意しておきたいのは、変形体の動きが非常に遅いために、データはあくまでオフラインで蓄積され、リアルタイムでは利用できなかった点だ。とはいえ、ジョーンズの粘菌プログラムを使えば、仮想の誘引物質と忌避物質を使って採餌行動をコントロールし、生演奏可能なシンセサイザーを作れるということが証明された[118]。

これは驚きだった。この実験から得られた真の収穫は、細胞内活動の目に見えない兆候を捉え、そして表現する方法のひとつを提示できたことだった（余談だが、ニコラス・マネーの著書では「菌糸の叫び」を聴く方法が紹介されている。彼によれば、

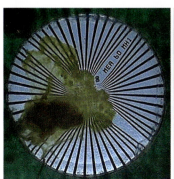

マルチ電極アレイを覆う変形体（© Andrew Adamatzky, from *Physarum Machines*, p.25）。

1990年代前半にキノコの菌糸体を使って同様の実験が行われたという。それは、「木片中の土の中に伸びた菌糸体の膜電圧の測定方法を完成させた、ヨーロッパのふたりの菌類学者によって行われた。彼らは、増幅器を記録計［チャートレコーダー］に接続しただけでなく、増幅された出力を音信号に変換し、電圧変動をピッチの変化として聴けるようにした。そして科学の名のもとに、菌糸をいじめもした。片方の端の細胞をあえて干上がらせたり［水分の供給が途絶えると菌糸は成長できない］、熱したり、冷やしたり、メスで切断したりしたのだ[119]）。

　粘菌の理論モデルとシミュレーションモデルの作成を目指した、ゲイルによるモジホコリの内部プロセスに関する研究では、さらに高度なデータ取り込み方法を採用している。変形体の電気的活動を局所的に測定するのではなく、マルチ電極アレイという装置を使って変形体全体の電気的活動を測定したのだ。

　マルチ電極アレイは、変形体と電子回路をつなぐインターフェースといって差し支えない。実社会でも、ペースメーカーや人工内耳などの機器に使用されている。ゲイルの研究では、8×8の64個の微小電極により、変形体各部の生理的状態に関連した電位を正確に測定できただけでなく、平面上を移動する変形体の採餌パターンについて、はるかに正確な空間表現が可能になった。粘菌の謎を追究する過程で得られる生データが膨大な量になることは、想像に難くない。だが音に変換すれば、データセットがいかに膨大であっても、その全体像や意味をかなりはっきりと捉えることができる。

　ゲイルが現在取り組んでいるプロジェクトのひとつに、脳内の細胞間コミュニケーションと粘菌の細胞内電気信号との関連を調べる研究がある。残念ながら『The Creeping Garden』では、あまりにも複雑で視聴者を混乱させてしまいかねないため、きちんと取り上げることはできなかった。この映画のそもそもの目的は、粘菌を分子レベルまで解明し尽くすことではなく、粘菌に関する科学研究や創作活動を広く紹介することだった。それに、ドキュメンタリーで「粘菌とは何か」という問いに網羅的に答えるのはまず不可能だということは、初めからわかりきっていた。取材に協力してくれた人たちは、研究内容も違えば、粘菌との関係性も違う。だからこそ、粘菌の捉え方も、粘菌の振る舞いや知性に関する考え方も全く異なる。粘菌をどの視点から見るか（あるいは聞くか）によって、そうした違いが生まれるということを示したかったのだ。

＊119 Nicholas P. Money, *Mr. Bloomfield's Orchard: The Mysterious World of Mushrooms, Molds, and Mycologists* (Oxford, UK: Oxford University Press, 2002), p.51. ヨーロッパのふたりの菌類学者の名前やその研究が発表された媒体については言及されていない。

ブリストル・ロボティクス・ラボラトリーで働くエラ・ゲイル。

ともあれ、ゲイルのアプローチほどドラマチックで刺激的な事例はそうそうない。彼女が選んだのは、マルチ電極アレイで取り込んだ可聴化データをいくつかの塊に分け、苦悶や憤怒、充足感や恍惚感といった多彩な感情を表現できるロボットに送り込むという手法だった。「実際、科学というよりはアートに近いですね」とゲイルは語っているが、これまで述べてきたように、発見や表現、伝達のプロセスにおいては、科学とアートを組み合わせることで大きな相乗効果が生まれるのだ。

　大事なことなので補足すると、香港のハンソン・ロボティクス社製のこのアニマトロニクス◆は、粘菌実験用に開発されたものではない。人工物が見せる人工的な感情に対して人間がどのような反応を見せるかを調べるために広く使われているものだ。これは、1970年代にロボット工学者の森政弘が初めて提唱した「不気味の谷現象」という、心理学の大きなテーマにも関係してくる。不気味の谷現象とは、人間に似たロボットの表情が本物の人間の表情に近づいていくと、ある段階で、見る者の不安感や嫌悪感が急激に増す現象のことを指す。言い換えれば、ロボットはロボットらしい見た目でロボットらしく振る舞ってほしいというのが、人間の願望なのだ＊120。

　「この彼は確かに演じていますが、粘菌が実際

ロボットの表情を使うのも、マルチ電極アレイで記録した大量の複雑なデータを表現・伝達するためのひとつの手段だ。

にこうした感情を抱いているわけではなく、これはデータの表現方法のひとつにすぎません。その点は、はっきりと指摘しておきたいです」。歯を見せて笑うロボットの横で、ゲイルはそう語った。粘菌の採餌行動や興奮状態から電気的に生成された音の周波数とパターンは、それぞれ喜びと怒りを示す表情にマッピングされているが、ほかの可聴化実験と同様、音色とピッチのマッピングはきわめて恣意的だ。採餌行動から怒りの表情を作るのも、粘菌が休眠状態に入ったときに歓喜の表情を作るのも造作ないことだ。したがって、ここでモジホコリに感情的知性があると主張するつもりは毛頭ない。

　このアニマトロニクスの頭は、2013年7月29日から8月2日に大英自然史博物館で開催された展示会「Living Machines」で披露された。この展示会は、一般の人々に普段目にすることができない研究分野に触れ、いろいろと考えてもらうことを目的として、バイオミメティクスシステム・バイオハイブリッドシステム国際会議の協力を得て開催された＊121。「一般の人も感

◆生物の形と動きを精巧に再現するロボット。あるいはその製作技術。
＊120　ハンソン・ロボティクス社の刊行物リストは、同社のウェブサイト（http://www.hansonrobotics.com/research/）で確認できる。たとえば、「人間似のロボットに関する美観、認知、哲学の問題」を論じ、ロボットの顔を「コンピュータインターフェースのパラダイム」と捉えた David Hanson, *Humanizing Interfaces: An Integrative*

Analysis of the Aesthetics of Humanlike Robots (Dallas: University of Texas, 2007) などがある。
＊121　*Convergent Science Network of Biomimetics and Neurotechnology*, http://csnetwork.eu/livingmachines/conf2013/exhibitionlist.
ほかに目を引いた展示物は、多岐腸目の扁形動物を模した泳ぐロボット（広島大学、風間俊哉）、バーチャルカメレオン（東北工業大学、水野文雄）、ロボッ

トの群れに見る創発挙動（シェフィールド大学、スチュアート・ウィルソン）、微生物ベースの消化機能を持つロボットEcoBot（ブリストル・ロボティクス・ラボラトリー、イウォナ・ガイダ）など。またテレサ・シューベルトが、アダマツキーの「PhyChip」プロジェクトの一環として ChromaPhy（アメーバから作った生きたウェアラブルマテリアル）を展示した。

上と下および次ページの写真：
「ある種の知性を使おうと思っています。対話できて、音楽のアイデアをくれるような知性ですね」。単細胞の演奏者と
デュエット演奏をするために、モジホコリをのせたペトリ皿とグランドピアノをケーブルでつなぐエドゥアルド・ミランダ。

情なら理解できます。今、粘菌は負のストレスを受けています、とわざわざ説明しなくても、感情であればひと目でわかってもらえます」とゲイルはいう。同様に、粘菌とは何か、あるいは粘菌がニューロモーフィックコンピュータのメモリスタ回路素子を開発するためのモデルになっているということも、詳しく知る必要はない[122]。

人間と粘菌をつなぐインターフェースは人間の美的感覚に偏っているので、ゲイルの表情豊かなアニマトロニクスには、この異星種のような"知的存在"には知性以上のものがある、と鑑賞者に思わせるだけの力がある。もっとも、このコミュニケーションは本質的に一方向ではあるのだが。

公の場でのパフォーマンスを通じて粘菌を理解しようという考え方は、先に触れた論文「Sounds Synthesis with Slime Mould of Physarum polycephalum」を、アダマツキーやジョーンズとともに発表したプリマス大学コン

ピュータ音楽研究学際センター（ICCMR）のセンター長、エドゥアルド・ミランダの取り組みにも共通するものがある。ブラジル生まれのミュージシャンであり、コンピュータサイエンスと人工知能を学んだ経歴を持つミランダは、セルオートマトン[123]を使って新たなサウンドを生み出すソフトウェアシンセサイザー「Chaosynth（チャオシンセ）」を開発したほか、研究成果を利用したCDも数多くリリースし、実験音楽の分野で好評を博している。なかでも、人間の声の生理学をテーマにしたアルバム『Mother Tongue』（2004）が有名だ。2014年には、自然と創造性の発展に関する彼の見解を綴った著書『Thinking Music: The Inner Workings of a Composer's Mind』も出版している[124]。

ミランダがセンター長を務めるICCMRでは、さまざまな分野の研究者が音楽と科学、テクノロジーについて幅広く横断的に研究を行っている。現在取り組んでいる研究には、コンピュータ支援作曲、心と音楽のインターフェース（たとえば脳波を楽器装置にマッピングし、身体が不自由な人でも作曲できるようにする研究）、音生成のさまざまなテクノロジー（遺伝的アルゴリズムを用いた人の声の合成、暗黒物質や幻覚の可聴化など）などがある。もちろん粘菌研究もそのひとつだ。

ミランダは可聴化をさらに発展させ、彼がいうところの音楽化（ミュージフィケーション）へと昇華させた。音楽化とは、モジホコリの電気的活動から生成された音を音楽的に表現する技術だ。彼は次のように語っている。「ジョン・ケージをはじめとする音楽家の伝統を汲んでいます。彼は、サイコロを振って、出た目の偶然に任せて作曲したことなどで有名ですが、私の音楽化もその伝統の延長線上にあります。ただし、偶然だけに頼ることなく、ある種の知性を使おうと思っています。対話できて、音楽のアイデアをくれるような知性ですね。その対話から何かが生まれるはずです」。

＊122 このロボットの頭は大衆メディアの科学系ニュースで非常に大きく取り上げられたが、エラ・ゲイルの研究テーマの理由や目的についてはほとんど言及されなかった。当時の報道としては、Celeste Biever, 'Robot Face Lets Slime Mould Show its Emotional Side', New Scientist, http://www.newscientist.com/article/dn24012-robot-face-lets-slime-mould-show-its-emotional-side.html, 8 August 2013などがある。

＊123 セルオートマトンは、さまざまな状態のセルを格子状に分散させたもので、隣り合うセルの状態に応じてセルの状態が変わる。新たなパターンが生まれるので、創発の概念を表した理想的なモデルとされる。よく知られたものに、1970年にイギリスの数学者ジョン・コンウェイが考案したライフゲームがある。ライフゲームは、単純なルールから派生したボトムアップ型プロセスを用いた人工生命、創発、パターン生成なとに関して、研究の大きな基礎を築いた。詳細は、Steven Levy, Artificial Life: The Quest for a New Creation (Penguin science, 1993) を参照。アダマツキーとゲイルのふたりも、セルオートマトンに関するさまざまな論文を発表している。

＊124 Eduardo Reck Miranda, Thinking Music: The Inner Workings of a Composer's Mind (University of Plymouth Press, 2014).

エドワード・ブラウンドは、粘菌の行動パターンから拾った信号を処理するソフトウェアを開発した。

　ミランダがアダマツキーとジョーンズの協力を得て2010年に取り組んだ可聴化プロジェクトは、知的な生物を使った彼の最初の作品『Die Lebensfreude』制作の契機となった。この作品は、2012年6月1日にポルトガルのカスカイスにて、ギョーム・ブルゴーニュの指揮で室内管弦楽団ソンダルテ（Sond'Ar-te）によって初演された。演奏は、ジェフ・ジョーンズによる粘菌プログラムの可聴化データをそのまま使用した6チャンネルの電子音響パート（バックグラウンドでブンブンとうなる音を奏でた）と、同じく粘菌プログラムからスコアを起こした楽器パート（フルート、クラリネット、ピアノ、バイオリン、チェロ）という編成で行われた。その楽器パートの音は、楽曲全体にフィットするよう、ミランダが部分的に編曲を施した。いわば、シンセと生楽器の融合だ。スコア自体は生物のコンピュータモデルを使って生成されたものだが、生楽器の演奏は、ときおりほとんど聞こえなくなるような、異世界的な響きのハミングのテンポに合わせて行われた。

　その演奏中には、ある種の対話も行われた。楽器演奏者が奏でた音を、別途用意したコンピュータソフトウェアで入力し、そのソフトウェアによって、管弦楽団の背後にある大型スクリーンに投影した粘菌シミュレーションの動くイメージを歪ませたりいじったりしたのだ[125]。

　ミランダの最近のプロジェクトは、モジホコリとリアルタイムに対話しながらデュエットで演奏するというものだ[126]。これは、博士候補生であるエドワード・ブラウンドの協力を得て行っているが、この目的のために彼らは、ゲイルが考案した音楽生成用メモリスタネットワークを参考にして、バイオコンピュータというシステムの開発に取り組んでいる[127]。映画の撮影時点ですでにバイオコンピュータは半分まで完成しており、粘菌の採餌行動から情報を取り込み、ケーブルを通じてグランドピアノ（これが巨大なアンプの役割を果たす）にその情報を転送するという段階まで達していた。

　仕組みは次のようなものだ。ペトリ皿の中央に変形体を置き、そこから等間隔に配置した6本の電極で一定時間ごとに電位変動を測定することで、変形体の行動パターンを感知する。ふ

*125　演奏は http://vimeo.com/channels/miranda/55536077 で聴くことができる。
*126　Edward Braund and Eduardo Miranda, 'Music with Unconventional Computing: A System for *Physarum polycephalum* Sound Synthesis', *Sound, Music, and Motion: Lecture Notes in Computer Science* (2014), pp.175-189.
*127　Ella Gale, Oliver Matthews, Ben de Lacy Costello and Andrew Adamatzky, 'Beyond Markov Chains, Towards Adaptive Memristor Network-based Music Generation' in *First AISB symposium on Music and Unconventional Computing*, University of Exeter, UK, 2-5 April 2013.

たつ目以降のデータセットは、以前の測定データからの明確な増減が記録された瞬間に取り込まれる。ペトリ皿の上には、電気データと電極のコロニー形成の様子を比較できるようにカメラを取りつけ、白色LEDフラッシュをたいて変形体のタイムラプス動画を撮影する。これらすべての情報を照合し、専用のソフトウェアでさらに処理を行う――。

バイオコンピュータを使って作られるサウンドも、やはり外部装置へのマッピング方法によって決まる。この初期型の実験装置で実験を始めた当初は、データをステップシーケンサーに送り、あらかじめ定めたテンポでステップを一定回数だけ繰り返させた。トリガーされるサウンドは、電極の電気的活動によって決まった。ピッチ、音量、音の長さといった情報はMIDIファイルで記録され、ピアノの弦の上にセットされた巧妙な装置に送られた。するとMIDIファイルの情報に従って弦が振動し、不気味なアンビエントメロディーが流れるが、このメロディーは、同じピアノを使ったミランダの即興演奏を見事に引き立てるものだった。

ブラウンドとミランダはこのシステムに大きな期待を寄せている。ミランダ曰く、「私たちの目標は、音楽をモジホコリにフィードバックし、モジホコリの行動に変化が見られるかどうかを確認することです。今のところは、モジホコリの音楽を人々が聴いて楽しむという一方向のシステムで、それはそれでいいのですが、想像してみてください。モジホコリの音楽を人々が聴いて楽しみ、さらにモジホコリも自身の演奏を聴いて振る舞いを変えることができたらどうでしょうか」。

『The Creeping Garden』で心から伝えたかったのは、回路基板に関する型破りな思索的かつ実験的な研究が、創作活動や実用的研究へのインスピレーションになるかもしれないということだ。つまり、映画で取材した人たちは皆、粘菌という輪の中にいる。さらにいえば、感情表現豊かなロボットの頭やミュージシャンと単細

胞生物とのデュエットを見ると、まだこの宇宙には解明されていない謎が溢れていることがひしひしと感じられる。ペトリ皿や丸太の上を這う単なる黄色いネバネバにすぎない粘菌は、一般の人々にとっては関心や情熱の的になりにくいのかもしれないが、科学やアートの世界で大きな可能性を秘めているのだ。

それぞれの活動の行き着く先は誰にもわからない。ミランダとブラウンドに関していえば、ふたりは本書執筆時点で、能動的なリアルタイムコラボレーションを可能にするモジホコリインターフェースの開発という、かねてからの目標をすでに実現したようだ。彼らのバイオコンピュータミュージックは、2015年3月1日にプリマス大学にて開催されたペニンシュラアーツ現代音楽祭で世界初披露された。ちなみにその前日には、同じ場所で、世界で初めてサウンドトラックの一部を粘菌で作曲した私たちの映画『The Creeping Garden』も上映された。

公演に向けて準備を進めるエドワード・ブラウンドとエドゥアルド・ミランダを撮影するティム・グラバム。

おわりに

「粘菌って知ってる？ 粘菌って、植物と動物のどっちにもすごく似てて、どっちにしようか決められない感じの生き物っていうかさ。最近じゃ、これまでずっと地球の面倒を見てきたのは粘菌なんじゃないかって考えられてる。本気を出せない怠け者みたいな生き物なんだよ。この粘菌ってのは、地球上にある他の細胞質を全部ひっくるめたよりも多いんだ。だから、その気になれば――植物になるか動物になるか心を決めてしまえば――人間から地球を乗っ取ることも夢じゃない。そこら中にいるんだから……路地とかを歩いてて、たとえば足を滑らせたりして足首をひねっちゃったら、それは偶然じゃない。奴らからの攻撃なんだ」

――マイケル・マッキーンが演じる主要人物のひとり、デイヴィッド・セントハビンズの台詞。
映画『スパイナル・タップ』（1984）のアウトテイクより

　映画『The Creeping Garden』の巡回上映が世界各地で始まってから、いくつものお褒めの言葉をいただいた。なかでも最大級の賛辞は、「これまで存在すら知らなかった世界への扉を開いてくれた」というコメントだった。それこそまさに映画を撮り始めた動機だったし、『The Creeping Garden』というタイトルもフランシス・ホジソン・バーネットの小説『The Secret Garden（邦題：秘密の花園）』（1910）へのちょっとしたオマージュだったからだ。この小説は、子供たちが鍵のかかった緑豊かな秘密の庭を見つけ、自然の不思議へと目を開いていくという作品だ。

　私たちが粘菌に目覚めたのは、取材した人たちの興味深い研究の数々を知ったことがきっかけだった。BBCやガーディアン紙といった有名メディアのウェブサイトの科学系ニュースに彼らの研究が紹介され始めたのが2009〜2010年頃で、それを見て、粘菌という奇妙な生き物を広く社会一般に伝えるためには、何かしら作品が必要かもしれないと思ったのだ。

　プロジェクトを開始して以来、以前なら気にとめなかったような何気ない言葉――たとえば冒頭に引用した伝説的なモキュメンタリー◆のアウトテイクの言葉――が頭に引っかかるようになった。映画『スパイナル・タップ』の言葉に関していえば、その制作が始まるよりも数年前に、『ナショナル・ジオグラフィック』誌（1981年7月号）に「Slime Mold－The Fungus That Walks」という記事が段抜き写真とともに掲載され、1973年にテキサスで起きたススホコリ侵略事件が紹介されていた[128]。

　世界各地の映画祭で巡回上映するという『The Creeping Garden』の歩みもまた、這い回る粘菌そのもので、ある都市での上映が、別の都市の同様のイベントへとつながっていっ

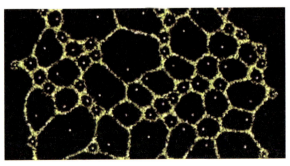

ジェフ・ジョーンズによる粘菌プログラムの行動パターン（© Jeff Jones）。

◆架空の歴史や事実を、まるでドキュメンタリーであるかのように表現する手法。

＊128　Douglas Lee (text) & Paul A. Zahl (photos), 'Slime Mold－The Fungus that Walks', *National Geographic*, July 1981, pp.131-136.

ハラタケの一種Agrocybe rivulosaの
柄を這い登るススホコリ。

エドワード・ブラウンドが開発した新しい反応型「バイオコンピュータ」。エドゥアルド・ミランダのピアノ演奏に粘菌が直接反応できるようになっている。2015年3月1日にプリマスで開催されたバイオミュージック：ペニンシュラアーツ現代音楽祭で初披露された。

た。あらゆる映画と同じように、プログラムディレクターや広報担当、あるいは人と人との個人的なつながりの輪を通じて広がっていったのだ。2014年7月にカナダのモントリオールで開催されたファンタジア国際映画祭は、この映画の絶好のお披露目の舞台となり、世界各地での上映へとつながった。テキサス州オースティンでのファンタスティック映画祭、メキシコのプエブラでのモルビド映画祭、カナダのノバスコシア州ハリファックスでのアウトライヤー映画祭など、枚挙に暇がない。こうして粘菌は、あっという間にペトリ皿から飛び立った。

だが一番驚いたのは、『The Creeping Garden』が上映された映画祭の多くが、ホラーやファンタジー、奇作中の奇作に特化したジャンルの映画祭だったことだ。しかし、考えようによってはそれほど意外なことではないかもしれない。そもそも、明確な意図を持ってドキュメンタリーの常識を破り、1970年代のSF映画の雰囲気を大いに参考にして制作したのだから。

制作中にはあまり意識していなかったのだが、映画の公開当時、ちょうど科学映画祭が盛り上がりを見せていた。とりわけ、硬派な科学とアートの融合を積極的に取り上げた映画イベントには勢いがあった。たとえば、ニューヨークのイマジン科学映画祭、ベルリンのSTATEエクスペリエンス科学映画祭、プリマスのバイオ

ミュージック：ペニンシュラアーツ現代音楽祭などが、『The Creeping Garden』を受け入れてくれた。それらの会場周辺では、必ずしも映画好きではないが、刺激を受けたい、感動したい、世界についてもっと知りたいという来場者向けに、多くのワークショップや展示会が開かれ、インスタレーション作品やパフォーマンスが披露されていた。こうした輪の広がりや、ニューヨークのジェンスペース（Genspace）といった市民のための科学実験室が設立され始めていることは、本当に嬉しい。科学的発見のプロセスをクリエイティブに表現した実験色の強い映画にも、まだ見ぬ可能性が広がっているのかもしれない。

こうしたジャンルを超えた流動性は、『The Creeping Garden』の大きな強みだと思う。それにこの映画は、出演した人たちや、それ以外

プリマスのバイオミュージック音楽祭の会場の外壁には、『The Creeping Garden』の一コマの巨大なプリントが登場した。

のアーティストや科学者の、今なお進化を続ける活動や研究の賜物だった。『The Creeping Garden』が上映された会場では、映画に関連して、科学とアートの相乗効果をテーマにしたトークショーやレクチャーも開かれた。

　たとえばイマジン科学映画祭では、カタユン・チャマニーがモデレーターを務め、ジェンスペース共同設立者のオリバー・メドヴェディクと、科学史家でアーティストのオリト・ハルパーンを交えたパネルディスカッションが行われた。また、ロサンゼルスのスペクターフェストでは、コミュニティラボのLAメーカースペース（LA Makerspace）の協力のもとで、ジョセ

筆者のコンポストの中に潜んでいた粘菌の変形体（種は不明）。

フ・チウが設計・プリントした粘菌迷路が披露された。さらにコペンハーゲン国際ドキュメンタリー映画祭（CPH:DOX）では、生物学者兼菌類学者でマクロ撮影法の専門家でもあるイェンス・H・ピーターセンと、ニールス・ボーア研究所のアーティスト・イン・レジデンスのメッテ・ホストが手掛けた、キノコと自然から着想を得た作品が展示された。映画やそこから生まれた議論を通じて、視聴者がそれぞれの科学的な探究のヒントを得てくれればと思う。

　個人的に飛び抜けて嬉しかった瞬間は、モルビド映画祭での上映後に訪れた。地球の反対側に住む視聴者が、アパートの外に置かれた植木鉢に粘菌が育っている写真をTwitterに投稿してくれたのだ。しかも、今まで気づかなかったというコメントを添えて。人々の好奇心を掻き立て、身の回りを新鮮な目で見ることを促すという、ドキュメンタリーのパワーを改めて感じられた素晴らしい瞬間だった。そのことは、映画の制作過程でも感じた。粘菌やキノコを探していたとき、丸太の側面に付着した単子嚢体と着合子嚢体のほこりのような残骸が想像以上に多いことに気づいたのだ。以前であれば泥か汚れだと思って気にとめなかっただろう。後日、自宅のコンポスト（生ごみや落葉を発酵させて作った堆肥。またはその処理容器）の中に糸状のものを見つけたときも、そのネバネバした知的生命体にうんうんと頷いて微笑みかけた。数年前であれば、恐怖や嫌悪を感じたはずだ。

　最もはっとさせられたのは、プリマス大学でのエドゥアルド・ミランダの演奏を撮影していたときだった。この世のものとは思えないそのピアノの響きを聴いたとき、「天球の音楽」という古代の考え方が頭に浮かんだ。「天球の音楽」とは、宇宙には無限のトーンやメロディーが存在していて、人間が知覚できる形に変えられるのを待っているという発想だ。さらに、エドヴァルド・ムンクが代表作『叫び』（1893）の着想を得た瞬間と似たものも感じた。ムンクはその制作に取りかかるにあたり、1892年の日記に

「非常に大きな、終わりのない叫びが自然から伝わってきたように感じた」と書いている。ただ、プリマス大学での撮影後に私が日々の環境から感じ取ったのは、ムンクが聞いた叫びではなく、ゆったりとしたリズミカルな鼓動だった。

　粘菌は自然のサイクルや鼓動の現れのひとつの形にすぎず、人間にとっては、普段と違う時空間スケールに注意を向けない限り、一生の間に気づくことがあるかどうかという程度の存在だ。人間の意識にほとんど上ることなく、何百万年もの間この地球上に生き続け、これからも人間より先に絶滅することはまず考えられない。もっと注意深く観察したことがある人なら、ロールシャッハテスト◆で使われるカードのようなその形は、自然界にありふれた、森羅万象の基本構造であることに気づくだろう。

　粘菌に興味を持ったきっかけはポール・スタメッツの著書『Mycelium Running』だったので、最後にスタメッツのキノコに関する考えを紹介して、本書を締めくくるとしよう。粘菌とキノコの関係については、表面上は似ていても進化系統樹ではかけ離れた存在ということくらいしかわかっていないが、以下の文章の中でスタメッツは、すべての自然現象はつながっていること、そして、なぜ人間は自然に目を向けるべきなのかということを語っている。

　菌糸体という生きたネットワークには、ガイア理論者の思い描く自然知が現れていると思う。菌糸体は露出した敏感な膜で、環境変動を認識し、環境変動に応じて振る舞う。ハイカーやシカ、虫がその敏感な糸の網の上を歩くと、菌糸体は圧力を感じ取り、それらの動きに適応する。情報共有のための、複雑で優れた知恵を持つ構造体である菌糸体は、力が刻々と変化する自然界に適応し、発展することができるのだ。（中略）母体のようでも

あり、生体分子高速道路とも呼ぶべきものでもある。菌糸体は常に環境と対話し、食物連鎖を循環する重要な栄養の流れに反応し、それを管理している。

　菌糸体の振る舞いは、世界最高のスーパーコンピュータの計算力でさえも太刀打ちできないほど複雑だと思う。菌糸体は、地球における天然のインターネットであり、意思疎通できる意識を持った存在なのかもしれない[129]。

　今回の映画制作の旅は、粘菌の突然の出現によって始まった。私が粘菌に出会えたのは、ヒラタケ栽培に初挑戦したときに侵入してきた粘菌のおかげだった。私は再び、ヒラタケの成長の観察を数か月前に始め、菌糸体のセルロース分解能力を試している。ナッツの殻や卵の殻、段ボール、炭、シャンパンのコルクまで、さまざまな家庭ごみが土に還るかどうかを試しているのだ。こうしたアマチュアの自然科学実験にふけっていると、キノコが次々と生えてきてくれた。そして炒め物の材料となり、本書の執筆中、ずっと私を支え続けてくれた。

◆インクのシミがついたカードを見せ、その反応から深層心理を探る人格検査。

＊129　Paul Stamets, Mycelium Running: How Mushrooms Can Help Save the World (Berkeley, CA: Ten Speed Press, 2005), pp.3-4.

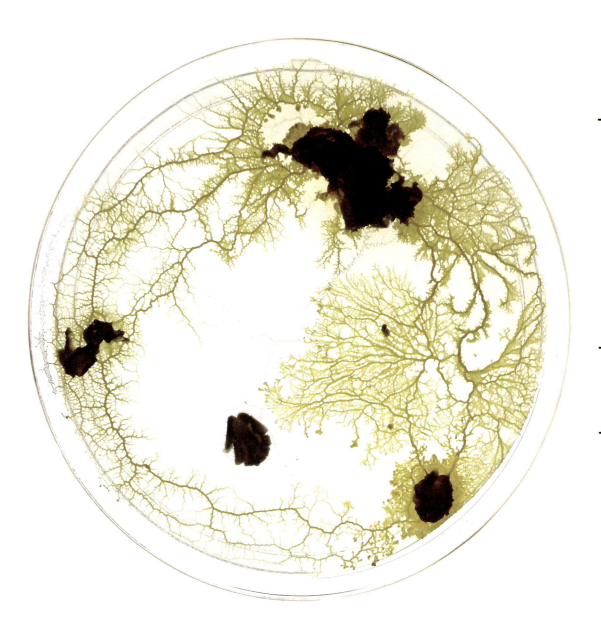

映画『The Creeping Garden』制作秘話

（付録

ジャスパー・シャープ（以下JS）：長編ドキュメンタリーをスコープサイズ◆で撮影して編集するのは今回が初めてだね。作業方法はどう変わった？

ティム・グラバム（以下TG）：作業は面白かったよ。アスペクト比2.35:1専用に撮影された映像を初めて編集したのは、トム・スウィンデル（ティムの前作『KanZeOn』の撮影担当）のミュージックビデオのときだった。彼がそのアスペクト比で撮りたがったから、何度か映像を編集してあげたんだよ。そのときに、2.35:1は広角レンズとの相性が抜群だなと思って、その組み合わせに強く惹かれたんだ。

　2.35:1の魅力は何といっても、幅が広いので構図を考える楽しみがずっと増えることだね。広角レンズで撮ると、これがまた素晴らしいんだ。今まではもっと画角の狭いレンズを使って、すべての要素がぎゅっと詰まったような寄り画やクローズアップを撮っていたから、広角を使うとスペースがぐっと広くなって、それが最高だった。出演者にカメラに寄ってもらって息が詰まる感じにしてからカメラを引くと、開放感が出るんだ。僕たちの映画って、すごく窮屈な感じがするよね。ものとか人とか、クローズアップを多用していて……。

JS：そうだね。3段階の没入感があるような気がするよ。ミディアム・クローズアップのインタビュー映像と、クローズアップと、それから本などのマクロ映像や顕微鏡映像。その一方で、開けた感じのワイド・ショットもある。ロッテルダムのシーンは、ワイドの画にぴったりはまったよね。あれが本当に良かったと思う。

TG：ほぼ常に広角レンズを付けて撮影したことなんて、これまで一度もなかったと思う。さすがにマクロ撮影では使わなかったけどね。あれは全く別物だから、広角レンズは使わなかったし、使っても意味がなかった。でもそれを除けば、広角レンズは大活躍したね。クローズアップでも、ものすごくいい映像が撮れた。広角レンズだと、構図の選び方とか編集の仕方とかの選択肢が一気に増えるんだ。キャンバスの形ががらっと変わるので、ものの配置の仕方を考えるのが桁違いに楽しくなるんだよね。

　ただ、いつもは16:9で撮るから、そのアスペクト比ほど慣れているとはいえないけど……。フレームの形が変わると、構図のバランスの取り方も変わって、同じようにものを配置したのではうまくいかないんだ。横が広く、縦は狭くなるからね。でもそのおかげで、いろいろなところに散らばったものをひとつの映像に収められるし、もっと面白いワイドな画を使えるんだ。16:9だと、比較的正方形に近いフレームの中にものを収めなければいけないけど、2.35:1の場合はワイドになる分、構図のことをもっと考えるようになるね。

◆アスペクト比（横縦比）が「2.35:1」の横長の画面サイズ。

360度全方位パノラマカメラで撮影したティム・グラバム。

JS：今作への取り組み方を初めて話し合った
とき、インタビューの撮り方の問題についてず
っと話していたよね。ドキュメンタリーでは、
インタビュー相手をミディアム・クローズアッ
プで映して、背景に本棚があって、というのが
普通だと思うけど。

TG：おまけに、誰に向かって話してるのかわ
からないんだよね。インタビューに関しては、
いつも思うことなんだけど、本当におかしなこ
とをやっている作品があまりにも多い。出演者
はカメラから目線を外しているし、インタビュ
アーは絶対に映像には出てこない。視聴者はカ
メラを通して見ているわけだから、カメラがそ
こにあるのは百も承知なんだよ。だったら、出
演者はレンズを直視して視聴者に話しかけるよ
うにしたほうがよっぽどいいし、そうすれば、
視聴者は出演者とじかにつながっている感じが
する。反対に、まるでインタビュアーがいない
かのように撮影してしまうと……。ともかく、
視聴者はインタビュアーがいることはわかって
いるんだから、撮影者はどうしてそのことを認
めないのかわからない。もっとカメラ目線で話
させればいいのにって思うね。

JS：幅広のフレームで一般的なドキュメンタ
リーのようにインタビューを撮ると、インタビ
ュー相手の周囲の細かい部分が見えやすくなる
よね。人が占める部分はフレームの4分の1く
らいしかなくて、彼らを座らせてカメラとは違
う方向を見てもらうと、画面の4分の3くらい
にぽっかりと空間ができてしまう。けれども今
作では、その部分をピンぼけさせた本棚とかで
埋めたりしたくないから、インタビューの撮影
は必ず彼らの職場で撮ることにした。

TG：ワイドスクリーンだと、カメラをセット
するたびに構図が変わるし、奥行きをすごく意
識して、手前や奥に何を映したいかを考えな
くてはいけない。被写界深度が浅いカメラで

2.35:1の映像を撮ると、ピンぼけ部分がものす
ごく大きくなるから厄介なんだよね。

　この映画では、コラージュ風の編集がかなり
気に入った。たとえば、キューガーデンのブリ
ン・デンティンガーさんが菌類館（Fungarium）
で話をしている映像を映してから、さっと森の
シーンに切り替えて、その話の内容を映像で示
す――ブリンさんが手に持った本を指差して
いる映像なんて面白くないからね。そんなのは
必要ないし、意味がないと思うんだ。コラージ
ュのほうが断然面白い。

　そのほかにも、ブリンさんが顕微鏡を覗き込
んでいるシーンがあるよね。その映像を使った
のは、「顕微鏡の何がいいかというと、顕微鏡
を覗き込めば、キノコと粘菌の違いが一目瞭然
なんですよ」とブリンさんがいったからだけな
んだけどね。その次には、別に必要がないよう
な、ブリンさんの単独のショットが挟まれる。
しかも、違う場所で撮った映像だ。それでもや
っぱり、僕は映像と映像がうまくはまるように
組み立てるのが好きなんだよ。文脈や話の流れ
から外れることなく、ひとつの空間の中で完結
させなくてはいけないという考えに固執するの
はあまり好きじゃない。それだと、やり方が縛
られてしまう気がするんだ。

　サイエンス・ミュージアムのティモシー・ブ
ーンさんのシーンを見るとわかると思うけど、
彼の映像もいい例だね。ブーンさんを棚の前に
立たせたり、椅子に座らせたりしたくなかった
んだけど、彼の映像はそういうものがほとんど
だったんだ。だから、ブーンさんが研究室で手
袋をはめてあれこれ持っているかのように見せ
るために、追加の映像をたっぷり撮る必要が出
てきた。実際、映画に出てくるのはブーンさん
の手でもブーンさんの研究室でもないんだ。面
白みが出るように映像をいじったんだよ。そう
すれば、自分で自分に課したルールに縛られる
ことなく、視聴者を引き込むことができるから
ね。自分が作れる一番美しくてクリエイティブ
な映像を使って、これ以上ない興味深い情報を

ピンマイクを使うことで撮影の自由度が上がった。
特に、マーク・プラグネルがドーセットの森の中を歩き回るシークエンスで役に立った。

ぶつけることで、視聴者を引き込みたかったんだ。

JS：市民科学者のマーク・プラグネルさんだけはカメラ目線ではなかった。それに、インタビューの場所も室内ではなかったんだよね？

TG：そう、マークさんがカメラ目線で話してくれたのは3、4回だけ。そもそも森の中だったし、かっちりした感じのロケではなかった。彼の後について森の中を歩き、たまに立ち止まって話してもらった後では、どこかに腰を下ろしてさあインタビューをやるぞ、という感じにはならなかったんだ。木が生い茂る森の中を君とマークさんが歩いていくのを、必死でついていったのを覚えているよ。三脚にカメラを置き、マイクをセットして、ヘッドフォンを付けて……自分ひとりで完結していたね。でも、森の真ん中でカメラを固定して撮影できたのはすご

く良かったな。手順を理解するまでしばらくかかったけど。

JS：マークさんとの撮影で使ったのはどのカメラだった？

TG：A1テープベースのHDVカメラだよ。昔はその映像を放送用に使えたんだ。大きな広角レンズアタッチメントが付いているから、ズームアウトして幅いっぱいに使った広角の映像を撮るときに一番力を発揮するんだ。いい感じの深い被写界深度が得られるんだよね。

　森にいるマークさんを映した映像の何がいいかといえば、広大さが感じられて、映像的に面白いこと。背景にも前景にもしっかりピントが合っているから、どちらかといえば絵画を見ているような感じがある。木のトンネルがあって、木々の間から光が漏れていて、これが本当にたまたまなんだけど、マークさんが歩き始めた場

所も、立ち止まった場所も、見事に美しいんだ。だから、「こんなことがあるのか！歩き出した場所の木の構図も完璧だし、立ち止まった場所の木漏れ日も完璧だ！」と思った。全くの偶然だったけど、そういう幸運があったからこそ、ドキュメンタリーなのにまるでフィクション映画のような出来に仕上がったんだと思うね。

　マークさんは天才的だった。考えてやっているのかわからなかったけどね。たとえば彼が着ていた上着。ある日は青のストライプが入った服を着ていて、次の日は赤のストライプの服だった。作品中のちょっとした味付けのような感じで、自然の緑が生い茂る森の中で、彼の服のまっすぐな青い線がよく目立って、それがすご

く良かったんだ。森の中からマークさんが現れるように編集すれば、彼が森にいる感じがうまく伝わると思ったよ。彼の服の色が赤に変わると撮影日時が違うことはわかるけど、全体的な雰囲気は同じで本当に微妙に変化するだけだから連続性がある。服は何でもよかったのに、偶然にしてはできすぎだったね。

　だけど、これが定点カメラの映像だったら、映画のコンセプトが台無しだった。その点、手持ちカメラの映像はその現場にいる感じとか、今まさに行動を追っているという切迫感とか、三脚をセットする時間もなかったんだという印象を与えることができる。臨場感が出るんだ。一方で三脚を使うと、カメラマンがずっとそこ

上と下の写真：
カメラを固定したことで、美しいパンフォーカスの映像を撮ることができた。マーク・ブラグネルがやぶの中に消えていってほとんど画面に映っていない場面もある。

にいたことや、セットアップの時間があったことが伝わってしまい、作り物感が出たり、出演者が歩き始める場所も立ち止まる場所も台本通りなのかなと思われてしまう。

でも、実際は一度だけ指示を出したね。ブリンさんに菌類館の廊下を歩いてもらったときなんだけど、カメラの前でアクションをとってもらったんだ。自分で見直すと、当然ながらそのシーンがすごく目立つね。だけど、それ以外のシーンで出演者に指示を出したことはなかったよ。彼らが何をしようとそのまま受け入れるつもりだったし、そのおかげで本当に納得のいく、自然な仕上がりになった。

JS：マークさんとの撮影では初めてピンマイクも使ったよね。あれで自由度がかなり上がったと思うんだけど。

TG：そうだね。同じことを、プリマス大学コンピュータ音楽研究学際センターのエドゥアルド・ミランダさんとの撮影でも学んだ。エドゥアルドさんが動き回ってピアノの準備をしていたときにピンマイクを付けてもらったんだけど、そのおかげで普通のマイクでは拾えないようなちょっとした会話も拾うことができた。ピアノにもたれかかりながら「今音が出た！」っていったところなんかがそうだね。あれを拾えたのはすごく良かった。あのリアルな声で、彼の魅力が伝わったと思うよ。

JS：映画では使わなかったけど、ロッテルダムの展示会「BioDesign」のオープニングナイトは面白かったね。ヘザー・バーネットさんが「Being Slime Mould（粘菌になりきろう）」企画の初回参加者を集めるためにバーで飲んでいる人に声をかけて、相手にされずに手で追い払われたとき、彼女がつぶやいた声をマイクが拾って……

TG：そうそう！映画ではジェフ・ジョーンズ

さんとのインタラクティブ・インスタレーションがいかに成功したかを話すシーンもあって、5、6回くらい人を呼び込みに行って……。企画スペースに来たいろんな人に粘菌がいかに知的な生き物かを簡単に説明するんだけど、だんだん熱を帯びてきてほとんど伝道師みたいに勧誘するんだよね。彼女の声を聞くと、説明のたびに熱を帯びていくのがわかる。興味を引くようなこととか、ちょっと突拍子もないことを付け加えていって、しまいには「そうなんです、次は粘菌を動力とした世界初の公共交通機関を設計できるかもしれませんよ！」とかいう。さすがにそれは、ちょっといいすぎでしょ、って思ったけどね。

あの一連の声を録れたのはすごく良かった。ヘザーさんは収録のことをすっかり忘れて会話に夢中になっていたから、音声の質が本当に高

エドゥアルド・ミランダのプリマス公演の撮影準備中の風景。

い。本物の会話らしさが出ているし、撮影側が何も押しつけていないことがわかる。生の会話を録っている感じが伝わるんだ。もちろん、ドキュメンタリーはずっとこうやって撮られてきたので、新しさは全然ないんだけどね。でも、そうやって自然な感じに仕上がったんだ。

JS：ヘザーさんのあのシーンは、映画のほかの部分とつなげるのがかなり難しかったんじゃないかな？

TG：そうだね。ロッテルダムのシーンを組み込むのはとても難しかった。そもそも、展示会のオープニングにヘザーさんを撮りに行こうと決めたのは土壇場の出来事だったしね。ところが撮影から帰ってきて、何かが欠けていると思った。この映像を映画の中に放り込んでも、何をしているのか説明している部分がないし、ヘザーさんがやっていることが伝わらない……。

でも、どう編集したらよいかわからず、その映像はずっと放置していたんだ。「BioDesign」展示会初日のヘザーさんの実験も、2日目の挑戦も撮影したほか、実験の準備中や実験後に活動内容をヘザーさん自身に話してもらったりもしたんだけどね。これらは全部、展示会の会場で撮影したんだけど、どうやってわかりやすく映画で説明したらいいか、どうしても思いつかなかった。しかも、一部の映像は暗すぎて使え

ず、なくてはならない重要な部分が欠けてしまった。それでずっと放っておいたから、長い間気がかりでね。映画の鍵になる大事なシーンなのに、どう組み込んだらいいか一切見当がつかなかったんだ。やり方がたくさんありすぎて、まさに地雷原だった。今は無理だ、今は無理だ、ってずっと考え続けていたよ。

その後、「チャールズ・ダーウィンの家」でのヘザーさんのイベントを取材しに行った。あの取材も土壇場で決めたことだったんだけど、ヘザーさんが話をする場面を撮影したんだ。でも、そのイベントは延々と続いたから、撮影は難しかった。結局、使える映像が撮れているかわからないまま撮影していたんだけど、たまた

左ページと上下の写真：
2014年1月25日にロンドンのチャールズ・ダーウィンの家で開催されたヘザー・バーネットの「The Physarum Experiments―Working with an intelligent organism」ワークショップ。このときの映像から、ロッテルダムのヘット・ニュー・インスティテュートで開催された展示会「BioDesign」の体験型企画「Being Slime Mould（粘菌になりきろう）」の3日間の映像につなげた。

まヘザーさんがロッテルダムでの実験のことを話す映像が撮れた。彼女の後ろに画面があって、そこにあの実験を映した映像が流れて……。そのとき、たぶんこの場面を軸に組み立てれば、ロッテルダムの「BioDesign」展示会と、そこで行われた実験映像をうまいこと編集できるかもしれないと思ったんだ。

　そうやって完成したシークエンスで気に入っているのは、時間をいじれたことだね。実験の様子を映したシーンと、実験の内容を説明しているシーンを組み合わせたんだ。ロッテルダム

での「Being Slime Mould」実験から6か月後にチャールズ・ダーウィンの家でヘザーさん自身が実験を振り返って話す映像があって、あれは便利だった。真剣に取り組んでいる活動について話す姿からは、ヘザーさんが一般の人々を巻き込もうとしていることがよくわかった。

　大勢の来場者を前にヘザーさんが「これからお見せするのは……」と語る映像が撮れて、本当に嬉しかった。やった、この映像を使えば実験映像の導入になるぞ、と思ったね。完璧だ、この映像があれば実験内容を説明するよ

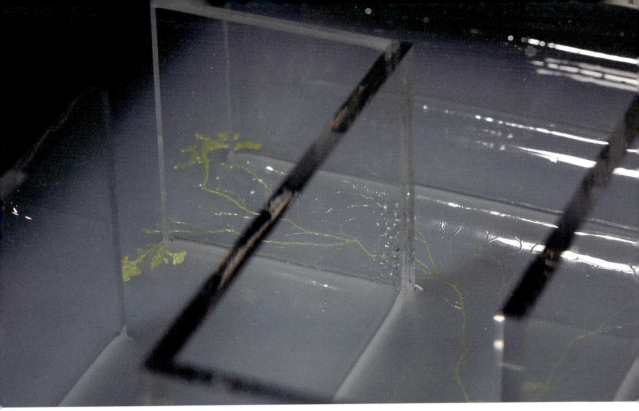

ヘザー・バーネットの粘菌迷路実験。

うな映像をぎこちなく切り貼りしなくて済む
ぞ、と。まさにあの一言で、次に流れる映像を
説明できた。その映像の後、ロッテルダムでの
「BioDesign」展示会のオープニングナイトに時
間を戻して、あとは時系列順に映像を流した。
その際に、ところどころでヘザーさんが説明す
る声や映像を挟んだ。ロッテルダムでの2日目
の映像では、ヘザーさんは実験終了から数時間
後に今回の実験を振り返っている。そして最後
にまたチャールズ・ダーウィンの家の映像を流
し、それ以降はまた時系列順に映像を編集した
んだ。

　さまざまな形で時間という概念をしっかりと
意識させる作品ができたから、映画の仕上がり
には満足しているよ。たとえば、ブーンさんが
話す映像と、ブリンさんが菌類館で箱を取り出
す映像をクロスフェード◆させたシーン。僕は
クロスフェードを使うことはめったにないんだ

けど、あのクロスフェードは時間の進み方を本
当にうまく表現できたと思うし、ぴったりはま
ったと思う。ヘザーさんが迷路を準備するシー
ンもそうだ。準備には10分かかるから、その
まま流すことはできない。かといって、早送り
もしたくない。「トムとジェリー」みたいにな
ってしまうからね。だから、クロスフェードに
よって時間の経過をエレガントに伝えられたの
はよかったね。

JS：映画制作のプロジェクトが始まったばかり
の頃、この映画で魅力的に感じたことがいく
つかあるんだけど、そのひとつがインディペン
デント映画であることだった。最近では独立系
ドキュメンタリーの伝統が途絶えているよね。
たとえば、1920年代や30年代のパーシー・
スミスやジャン・パンルヴェの映画のようなも
のがない。市場に大きな空洞があると思うんだ。

◆一方の映像や音を次第に小さくしてい
く代わりに、別の映像や音を次第に大き
くしていく手法。

今日のドキュメンタリーは、そのほとんどが登場人物や何かの運動が主体になっていて、「風変わりな科学映画（weird science）」のたぐいは開拓されていない。最近の作品でそういうものはひとつも思いつかないね。

TG：おかしなことだよね。人を引きつける力があるというのに。**YouTube**で「**weird science**」と検索すれば、たくさんの動画が出てきて視聴回数もものすごいことになっている。だから、見る人は確実にいるし、当然、魅力があるわけなんだ。

JS：ブーンさんもいっていたように、科学ドキュメンタリー、カメラ、録音・録画機器、照明機材の源流はそこにある。そのおかげで、さまざまな科学分野が人々に開かれたわけだ。映画は科学にとってなくてはならない存在なのに、かつてのように映画と科学が融合した作品が見られないのは本当におかしな事態だ。

TG：残念ながら、科学映画はほとんど見かけないね。今ではドキュメンタリーの題材を探せば、ほとんど取り上げられていないテーマをすぐに見つけられる。たいていの場合、簡単に紹介している**YouTube**の動画やテレビ番組はあっても、本格的な映像作品はない。広く研究されていて、魅力的な生き物であってもだ。変だよね。何か題材を見つけて、しかもその題材を扱

った映画がまだ作られていないとすれば、それは絶好の機会。素晴らしい、夢のようなことだよ。

僕の場合、題材が見つかると、今度は自分の選択を疑い始めるんだ。この題材はニッチなのか、この見せ方はニッチなのか、と。何がニッチなのかはわからないけど、これまでにあまり見たことがないようなものを見つけたら、それこそ理想的な題材じゃないかな。その次は、その題材をどんな形式にまとめて、どう見せるかという問題になるね。

JS：科学ドキュメンタリーを作ろうと考えている人の中には、莫大な予算と最先端の機材やカメラを用意しなければいけないとか、IMAXかテレビ向けの映像にしないといけないと思っている人が多いんじゃないかな。科学ドキュメンタリーは考えうる限りの最大のスクリーンで上映するか、反対に一番小さいスクリーン向けに作るかのふたつにひとつで、その間がないと思われているような気がするよね。

TG：確かに、『**The Creeping Garden**』のような、純粋な自然科学系ドキュメンタリーはあまりないと思うね。まあ、『ミクロコスモス』（クロード・ニュリザニーとマリー・ペレンヌーによる1996年の映画）はあるけど、もうかなり昔の作品だしね。ディスカバリーチャンネルと**BBC**が組んだ「プラネットアース」シリーズとか、デイビッド・

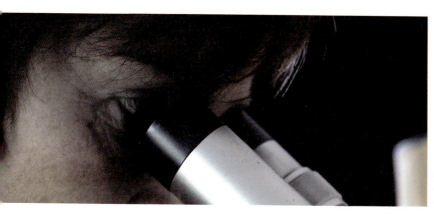

変形体の枝分かれしたフラクタル模様を観察するヘザー・バーネット。

迷路実験の撮影準備をするヘザー・バーネット。

アッテンボローの作品とかは莫大な予算を投じたドキュメンタリーで、映像作品の中では、いってみればエリートの部類に入る。だけど、すべての作品がそうである必要はない。ほかの作品を考えてみれば、全部テレビ番組だし、残念なことに、映画館の巨大スクリーンで「自然」を目の当たりにできる機会はそうそうない。

JS：何人かの人からは、粘菌に魅了された人が出てくるのが良かったという感想をもらったよね。この映画には、顕微鏡を覗き込む人や、カメラなどさまざまなレンズを通して観察する人たちが登場するけど、どの人も常に何かを見ていて、それを撮影している僕たちも観察のプロセスの一部になっている感じがした。いうなれば、この作品の根底には、再帰性という概念が流れていると思うんだ。つまり、見せ方や視覚化の方法を見せている。

TG：そうだね。「観察」ということに関して、確かにそういう狙いがあった。何かを観察しているのか、何かを観察している人を観察しているのか、あるいは観察者と観察対象のどちらを観察しているのか──。映画では、そういった（観察プロセスと観察者と観察対象という）三角形に落とし込むことができる。実際、早い段階でそういう編集方針を立てたし、それが映画の基本構造の一部になっている。

　それはそれとして、実際の制作プロセスが粘

ティム・グラバムの360度全方位のセルフポートレート。ペトリ皿上の粘菌を撮影するスライムラボにて。

菌の特徴を反映できたのは本当に興味深いと思ったな。編集の骨組みの基準は全然違うけど、前作『KanZeOn』のときも同じ考え方だった。『The Creeping Garden』の骨組みは、観察者、被観察者、観察プロセスで、その編集方針は粘菌にも似ているんだ。粘菌のネットワーク形成を真似て、適当にいろいろな方向に進んでみてからまた戻ってくるというふうに仕上げたんだよ。粘菌が広がるように話を広げていけた点は、とても満足しているね。

JS：僕は変形体の脈動を初めて捉えたとき、今まで見たこともないような感じの脈動だと思った。パーシー・スミスの映画からは同じものが感じ取れたかもしれないけど、ヘザーさんやアダマツキーさんのタイムラプス動画にはなかったと思う。

TG：それは僕たちが短時間しか撮っていないから、2日とか長時間にわたって撮ったタイムラプスとは違ったタイプの脈動が見えたんだろうね。日数をかけて撮影すれば、大きく広がったネットワークが波立つように見えたと思う。まあ、僕たちにはその撮影手段がなかったんだけどね。1時間だけ撮影して、その再生速度を上げるしかなかった。でも、そういう限られた時間だと、もっと官能的で、かなり繊細な動きが感じられるし、活発になったと思ったら急に緩むみたいな様子が見られることもある。ときには機器の制約から目新しいものが見えてくることだってある。もっと高度な機材を使ってタイムラプスを撮れたとしたら、1時間の撮影だけでは満足できなかっただろうね。8時間とか12時間とかかけて、もっと劇的な動きを捉えようとすることに集中してしまったと思うんだ。今回はむしろ制約があったことで、粘菌の振る舞いを新しい方法で表現できたのが良かったと思う。

JS：僕がブーンさんにも登場してもらおうって最初にいい出したわけだけど、実は最初、彼が粘菌映画制作者の話をするシークエンスは、作品の本筋から脱線しているような感じを受けたんだ。でも、実際は得られたものが大きくて、あのシークエンスを序盤に持ってきたことで、作品を貫くもうひとつのテーマを提示できた。

TG：そうだね。そもそも、どうして人はものを見ることができるのか、どうして目の前の映画を見ることができるのか、早送り再生されている生き物の映像を見たときに、どうしてそれが早送りだと感じない人もいるのか。視聴者はよくわからないし、明確な答えはない。僕たちの映画へのレビューの中にも、そういうコメントがあったよね。つまり、タイムラプスの完成度が高すぎて、実時間で再生しているように見える、と。嬉しいコメントだったね。そういうことを考えて映画の中で「時間拡大法」を説明したんだけど、それによってうまくバランスがとれたと思う。

JS：その点、この映画はほとんどSFだよね。何倍速で再生しているか、どれが倍速再生でどれが通常再生か説明していないわけだから。僕たちが現実に手を加えたことで、どこからどこ

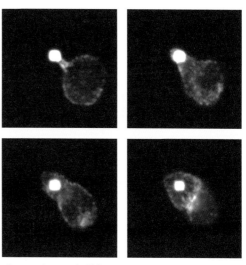

ジェフ・ジョーンズの粘菌シミュレーション。見た目も動きも本物そっくりだが、現実を完全に抽象化したデータにすぎない。

ススホコリが通過した跡。新たな世代を生むために胞子を放出して姿を消した。

子実体への移行を完了したクダホコリ。

までが現実なのかがわからないようになっている。

TG：それはドキュメンタリー全体に通じる論点だね。どこが「真実」あるいは「事実」なのか。現実をカメラで切り取るときとか編集をするときに、どのくらいの権限があって、その権限に制限はあるのか。何を省いて、何を入れるのか。どんな順番で見せるか、すでに存在するものをどのくらい補足するか。どれも興味深い問題だと思う。

　僕たちも人に登場してもらったときは、完全に作られた場面を用意したよね。たとえばマークさんは、映画の中ではあの森で粘菌を見つけたことになっているけど、実際は違う。森で何かを見つけた男の人という架空のシークエンスを作るためにマークさんを使ったわけで、粘菌のクローズアップ映像の多くは、マークさんと

も、あの森とも関係ない。撮影日に実際に起きたことをそのまま映画にしたわけではないんだ。実際、マークさんはほとんど何も見つけられなかった。何時間も延々と歩き続けたのに数えるほどしか発見がなくて、3人とも相当まいってしまったよね。確か3、4種しか見つからなくて、しかも変形体でもなかったし、すでに撮っていた映像には及ばなかった。

　撮影日のありのままの「真実」を忠実に表現することだってできたけど、いずれにせよ真実ではない。結局は尺を短くして、もっと劇的なカットに仕上げる必要があるからね。それなら、いっそのこともっと手を加えて、映像を追加したほうがいい。実際あのシーンでは、マークさんと一緒に出かけて撮影した日に見たものではなくて、森を散策すれば見つかるものを映した。マークさんには、森の中の粘菌を描写するための、道具の一部になってもらったんだ。大げさ

ペトリ皿にハエをのせることで、幻燈スライドの穴にのっているように表現した。

な表現に聞こえるかもしれないけど、映画制作者としては、こういう部分を考えるほうがずっと面白い。つまり、撮影した映像の真実にどのくらい手を加えていいのか、それは正当化しなければならないのか。

自分の親に『The Creeping Garden』の感想を聞いたら、「ああ、あの古い自然科学映画の古い映像が良かったよ。とても良かった」っていわれた。でも、あれは古い科学映画っぽい印象を与えるために僕が撮った映像なんだよね。スーパー8フィルムの映像は、ぱっと見では実際のアーカイブ映像ではないことがわからない。実は、映画全体を通してその考え方が貫かれているんだ。要するに、物事のありのままの姿じゃなくて、すべては表現にすぎないということだね。

それがよくわかるのは、ペトリ皿にハエを乗せることで、まるで幻燈スライドの穴に乗っているかのように表現したシーンだね。幻燈を使ったら1分かそこらで丸焦げになって死んでしまうから、いずれにせよそんなことはしたくない。だけどその映像を見た人は、それが幻燈の映像じゃないとは思いもしなかったはずだ。僕が白い手術用手袋をはめて本をめくったり、幻燈スライドをいじったりしているシーンも同じ。当たり前だけど、あれはブーンさんの手のように見せているだけであって、実際は彼の手ではない。あの遊びは楽しかったな。あの部分はどう感じた？　本物らしさは感じたかな？

JS：それはもう本物だと思ったよ。ドキュメンタリー黎明期のロバート・フラハティ監督の『極北の怪異（極北のナヌーク）』(1922) や、セルゲイ・エイゼンシュテインの映画がどのくらい作られたものだったのかを考えさせられたね。確か『極北の怪異』の大部分は作り物だったんだよね？ 特に印象的なアザラシ狩りのシーンは、実際は演出されたものだった。

TG：それはコンテンツに何を期待するかとい

う問題だよね。たとえば、アッテンボローのBBCドキュメンタリー『フローズン プラネット』(2011) では、ホッキョクグマのシーンが物議を醸した。野生のホッキョクグマと、雪の下の巣にいる子熊が映し出されるんだけど、それが動物園で撮影された映像だということで大論争を巻き起こしたんだ。視聴者は現実ではないものを観せられたわけだね。でも、制作者側も反論した。野生で同じ映像を撮ろうとすれば、縄張りに侵入することになるから、子熊を殺してしまった可能性もあったけど、この方法は動物にほとんど影響を与えることなく撮影できた、と。その場合、果たして動物園の映像であることをナレーションで伝える必要があるのかな？

JS：『ブルー・プラネット』(2001) もそうだった。マグロがイワシの群れに襲いかかり、それと同時にカモメが空から海中にダイブしてイワシを襲うシーンがあるけど、あのすべてのアングルをカバーするには、どう考えても、同時に10台ほどのカメラを回さなければならない。あの映像が同時に撮影されたものでないことは明らかで、事実、長期間撮り溜めた別々の映像を切り貼りしたものだった。そういった野生の狩りを捉えたシークエンスは、どれも同様の手法で編集することになるだろうね。重要なのは、そういうモンタージュは脚色されていて、カメラの前で起きたことを厳密に映し出してはいないのかもしれないということ。しかし、だからといって、描き出されている生き様のリアリティが落ちるわけではないと思う。

TG：全くその通りだね。別々の出来事を撮影してつなぎ合わせることで、ひとつの画を完成させているけど、必ずしも実際に目の前で起きたひとつの出来事である必要はないよね。

JS：振る舞いを例示しているだけだからね。

TG：ある種のテレビ番組には正真正銘の真実

が期待されているように思えるけど、では正真正銘の真実とは何だろう。それを求めるならCCTVカメラの未編集映像を見るべきかもしれない。『ビッグブラザー◆1』と同じだよ。『ビッグブラザー』を見てリアルタイムで真実を見ていると感じるのか、答えはもちろんノーだ。使用するカメラは番組のディレクターが決めているし、カットの権限は編集チームが握っている。そもそもひとりの出演者の行動に着目するカメラ映像は、家の中の現実の文脈から外れている。視聴者はカメラが追っている人を見ているので、そのひとり以外の人は見えない。だから、あれは家の中の現実ではないんだ。

JS：そういう部分は制作過程でかなり意識したよね。カットアウェイショット◆2を使うことで、ものと出演者を結びつけたり、ものの描き方を変えたりした。

TG：そうだね。そういう編集はとても簡単だった。それから、生身の人間からキャラクターを作り出すことを意識したね。日々の編集作業では、出演者の映し方や描き方を変えることでその人の人柄を作らなくてはならない。そこで、画面に顔が映っていないときは、沈黙とか「あ

ティムのマクロ映像。森の生き物の新たな側面が垣間見える。

ー」、「えー」とかをカットして、実際よりも滑らかに話しているようにする。それをするべきかという問題もあるけど、簡潔にしたり、伝わりやすくしたりするための作業なんだ。編集室に入った瞬間に、人々を操る神になるんだよ。

JS：ブーンさんのシーンでは、合成を使うことで潜在意識に視覚的に働きかけたよね。あの被写界深度の操作に気づいた人は多くなかったと思うけど、そのシーンも『アンドロメダ…』の影響を受けたものだった。『アンドロメダ…』は、ジオプター（視度補正レンズ）を使ってフレーム全体にピントを合わせることで、奇妙な異世界の雰囲気を出していた。

TG：そう、あの映像のポイントは不自然さを醸し出したことだね。いつも見ている映像とは違うという意味で、不自然な感じがある。

　よく僕のもとには、「これは必見！」っていうメッセージとともに、動画共有サイトの「Vimeo」にアップされたドキュメンタリーへのリンクが送られてくるんだけど、すごく気になることがあるんだ。明らかに一眼レフを多用していて映像はきれいなんだけど、被写界深度の浅い映像ばかりをしばらく見ていると鬱陶しくなってくるんだ。一眼レフというひとつの独自言語ができ上がってしまったといえると思う。一眼レフの小宇宙ができていて、僕としては控えめにいってもかなり息苦しい。映画を撮るうえでは、ひとつでいろいろできる万能なツールなんだけどね。実際、『The Creeping Garden』でも少し一眼レフを使った。

　インディペンデントの一眼レフドキュメンタリーは構成の問題もある。すごく形式的で、どれも似通っているんだ。とにかくしきたり通りの作りで、かなり標準化されているんだよね。映像はきれいなんだけど、同じような作品をい

◆1　各国で放送されているリアリティ番組。社会から隔離された家に複数人の　男女を一定期間住まわせ、家じゅうに設置されたカメラで観察する。　◆2　ふたつのカットをつなぐ際、スムーズに見えるようにするために挟むショット。

くつも見ると、それ自体が「一眼レフVimeoドキュメンタリー」というひとつのジャンルのように感じられてくる。反対はしないけど、自分がしたいようにできる機会があふれているのに、あまりにも冒険心が足りないと思う。作り方は自由なのに、何か制約でも課されているんだろうか……。

JS：今回の映画で、一眼レフで撮ったシーンはどこだったか覚えてる？

TG：ふたつあるね。ブーンさんのシーンと菌類館の一部のシーンはキヤノンの5Dで撮り、ヘザーさんのスタジオで初めて彼女の撮影をしたときはパナソニックのGH4を使った。

JS：主に映画館上映を念頭に置いてドキュメンタリーを撮ったと思うけど、もちろんそれは僕たちに限ったことではない。しかし現実を見ると、今日作られているドキュメンタリーのほとんどは映画館で人を集められず、通常、オンラインやVODサービス、あるいはDVDやBlu-rayで見られていて、編集時に"映画的"な側面が多く失われてしまっているような気がするよね。

TG："映画的"というのは、テレビ番組ではなく映画だと感じられて、司会者が不在の感じがするということだよね。映画という意味では、『The Creeping Garden』は少し物語調に仕上げてあって、フィクション的な仕掛けもある。たとえば、冒頭でマークさんが森に入っていくシーンがしばらく続くところ。虫は出てくるけど、彼はただ散策しているだけなんだ。

JS：映像に逐一会話をかぶせるテレビ的なやり方に真っ向から反発しているように感じるね。

TG：テレビ番組と同じレベルのわかりやすさを保ちながら、テレビとはやり方を変えて、作

品世界に浸りやすくしたという点は、うまくいったと思う。構成自体は誰もがなじみのあるものだからね。でもサプライズ要素もあって、通常のテレビ番組では起こらないようなことが起こるんだ。小旅行みたいに何度も脱線していくんだよ。

伝統的な作品の作り方に反発するには、たとえばボイスオーバー（原音とは異なる音声をかぶせる表現手法）を使わないようにしようとか、方法を考えなくてはいけない。でもボイスオーバーの空白を空白のまま放っておくことはできないから、代わりに別の方法でその空白を埋める必要がある。そう考えて、映画の冒頭の2分間を編集した。今どきのテレビであれば、たいてい冒頭で番組の概要を説明するよね。

JS：それに最近では、CMの前後などでそれまでの内容を振り返るので、同じ映像を3回も見る羽目になるよね。

TG：あれは本当にくどい。あれを見ると、尺が足りなかったのかなと考えてしまうよ。ちょ

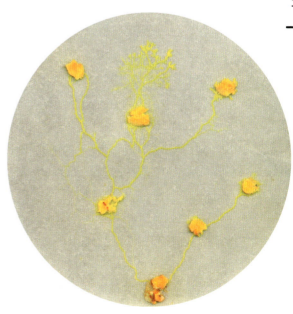

吸取紙の上にオートミールを適切に配置することで、モジホコリの変形体に探索木を描かせた（© Andrew Adamatzky）。

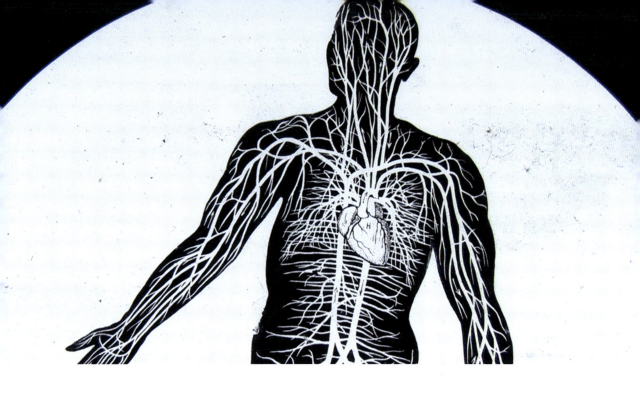

っと待った、つい3分前に見たものを忘れるわけないだろ、って。

JS：今回の映画の編集でとても良かったと思うのは、出演者が発した言葉を使って会話形式で物語の構造を作っている点だね。それから作品を貫いているもうひとつの要素に、円のモチーフ（ペトリ皿やカメラなど）や網目模様があるよね。最初に出てくるときはあまり目を引かないけれど、作品を通して何度も出てくるので映画全体のメッセージが引き立てられている気がするよ。

TG：編集者の立場としては、それは作品全体を貫く糸と考えているよ。映画を白い四角形に見立てると、全体を通じてさまざまな糸が音波のように上下に走って、互いに重なり合っている。つまり、テーマや登場人物や大きなコンセプトが絡み合っているわけだけど、全体を見たときに、ひとつの要素が放ったらかしになっていないように、うまく均等な模様になるようにしなければいけない。そこで、一つひとつの要素を線として視覚的にイメージするわけなんだ。ちょうど音楽みたいな感じだね。

内なる論理を持った糸の数が増えれば、発見も増えるので、それだけ視聴者の満足度が上がると思う。2回目に見たら、後半にならないと活きてこないような要素を序盤で見つけられるからね。たとえば今作で僕が気に入っているコメントに、ロッテルダムの展示会でヘザーさんがいった「人間粘菌」という言葉があるんだけど、そのシーンの前に、人間の神経系を映した幻燈スライドを登場させている。それがまさに人間粘菌というような感じだったからね。

僕はそういう仕掛けが好きなんだ。単独では意味をなさないようなイメージを見せておいてから、その後で「人間粘菌」という発言を聞かせる。すると、先に視聴者の頭に植えつけておいたイメージが、ふっと浮かび上がる。ただ、頭の中でイメージはできても、視聴者はそれをどこで見たのか必ずしもピンとこない。先に種を植えつけておき、後になってその種に言及することで、無意識の中から視覚的なイメージを浮かび上がらせるわけだ。そういう編集の仕方が好きなんだよ。

JS：音楽的な仕掛けも施されているよね。たとえば、早い段階でエドゥアルドさんと粘菌の

ピアノ二重奏を流している。

TG：そう。普通は気づかないよね。今作には、見ているときにはそれと気づかないような仕掛けをたくさん施してある。そういうのが大好きなんだよ。もともとはデレン・ブラウンのアイデアなんだけど、彼のプログラムは編集者にとっていい勉強になる。彼の作品なら、いつまでも見ていられる。彼の場合、種を植えつけてから大きな種明かしをするんだけど、計算し尽くして編集されていて、どの種もそれと気づかれないように植えつけられているので、種明かしされたときの衝撃がものすごいんだ。彼のアイデアを編集に活かせば、視聴者の知覚を自在に操れるようになるだろうね。

JS：ロッテルダムの「BioDesign」展示会で一眼レフを使って撮影していたとき、歩きながら実験の様子を収めようとすると、映像がぐらぐら揺れてしまうといっていたよね。手持ちカメラはそこがあまり良くないと思うんだけど、どうかな？

TG：手ブレを抑える機材がないと大変だよ。あれば全然違うけどね。でも、人の後をついて回りながらピントを合わせ続けるのは、一眼レフでは被写界深度が浅いので難しいんだよ。観察映像を撮るときは、音の問題はもっとややこしい。キヤノンの5DにはXLR入力端子がないので、オーバーヘッドマイクやピンマイクを付けるためのXLR入力端子がある小型の録音機を使うんだけど、それと合わせてカメラも操作しなければいけない。でも、ひとりで全部をこなすのはまず無理だね。同時にこなすには自分がふたり必要だよ。

JS：撮影のほとんどは僕たちふたりでやったけど、それはそれで大きなメリットがあったよね。手早くこなすことができたし。

TG：ふたりの役割分担が本当に活きたよね。それぞれ別々の守備範囲があって。君ふたりとか僕ふたりとかだったら、あれほどうまくいかなかっただろうね。互いに互いの仕事にずっと口を出してばっかりで、決められないことが多くなり、「いや、こっちのほうがいいでしょ」、「いやいや、こっちのほうがベターだ」ってなっていたと思う。

そういうやり合いは全然なかったよね。取材先では君が刺激的な質問をぶつけて、それを僕が面白い感じで撮る。お互いがベストを尽くしていると信頼しあえていたからこそ、それぞれの判断を信じることができたし、それに口出しをすることもあまりなかった。干渉しても意味ないしね。ずっとそんな調子でやれたと思う。

JS：僕もそう思う。実際、君が別の人を連れてきたときは、いきなり作業が複雑になったしね。

TG：でも、あのおかげで完成にたどり着くことができたと思うよ。制作途中で、これは手に負えないぞという感じを覚えたんだ。アクセル全開で飛ばしてきて、あるときふと、これは悲惨なことになりそうだなと思ったんだ。これだけたくさんの作業をしてきて、今ここでやめたらすごく無念だけど、かなり失速してきてしまったな、と……。

JS：一度、勢いがなくなったときがあったよね。しかもお金だけの問題で。資金集めをしているとき、もし出資者が見つからなかったら続けられないかもしれないという状況になって……。そんなときに、電車でブリストルに行くのに別に大金は必要ないじゃないか、と君がいい始めたよね？　つべこべいわず、取材に行けばいいじゃないか、と。

TG：そこで思ったんだよね、これまで積み重ねてきたものがあるじゃないか、って。思い描

いていた理想的なシナリオは全部忘れて、とにかく形にしよう、何もないよりは何かあったほうがいいじゃないか、と。そうそう、あれが大きなターニングポイントだったね。このまま撮影を続けられるってことを、ちゃんと受け止められた。

JS：それが功を奏したね。余分にできた時間を使って、君は粘菌の映像の質を向上させることができたし、僕は僕で粘菌関連の本を読み漁って理解をより深め、別の切り口を考えることができた。もし前もって資金があったら、数か月くらいで映画を作り終えてしまって、粘菌というテーマをちゃんとつかみきれずに終わっていたと思うんだ。

TG：本当にそう思うね。僕も、制作が半分くらい進んだところでようやく大枠をつかむことができた。その段階で作ったティーザー映像（30秒ほどでまとめた映像のこと）で初めて映像として形にしたんだけど、その時点では型破りなSFっぽさが全然なかったから、大きく形を変えることになるだろうとは思っていた。あの段階の映像はただの生物系映画だった。ブリンさんとヘザーさん以外で最初に撮影したのは誰だったっけ？ エドゥアルドさん？

JS：確かエラ・ゲイルさんだよ。電車でブリストルのエラさんのところまで行って、そのすぐ翌日にプリマスのエドゥアルドさんのところに行ったんだ。

TG：あの2日間ですべてが変わったよね。あのときに大半の映像を撮ることができた。

JS：インタビューを撮影した後、帰宅して、どんな映像が撮れたか、どう編集するか、映画の流れの中にどう当てはめるか、そういうことを考え始めたんだよね。ブリストルでは1日で3、4回エラさんにインタビューして、その翌日に

はプリマスでエドゥアルドさんに取材した。プリマスからロンドンへ戻る途中、電車の中でふと思ったんだ。今回は非常に短期間で5、6回分のインタビューをどうにか撮り終えたけれど、その1年前にこのプロジェクトで初めて撮った3回のインタビューは、ずいぶん長い期間をかけて撮影していたな、と。要するに、そのときまとめて撮った一つひとつのインタビューについて考えたり、インタビュー映像自体の意味や、最終的な作品の構成にどうフィットするかについて考えを巡らせたりする時間がなくなっていたんだよね。さまざまな取材で集めた大量の情報があって、うまく処理できなかった。

TG：まさにそうだった。それに、いきなり新しい道が開けて、作品の方向性が変わる可能性が出てきたしね。その時点ではまだ最初に撮ったインタビューのラフ版しかなくて、編集が全然進んでいなかった。撮り溜めた映像がどのくらいあるかもわかっていなくて、実際には映画の前半部分しかなかったんだよね。とにかく形にする必要があったんだけど、実際に形にできたのは、アダマツキーさんと彼の研究者つながりの取材をすべて終えた後だった。あの変わった科学実験の映像があって初めて、作品の発展する方向性がわかったんだ。

JS：それから、最後にインタビューしたジェフ・ジョーンズさんだね。あれはジレンマだった。基本的にすべての作業をコンピュータで行っている人のインタビューをどうやって撮ればいいのかもわからないし、しかもウェールズ北部に住んでいるから、取材に行くことさえ難しかった。ジェフさん自身も、わざわざ足を運ぶほどの価値はないといっていたしね。仕事部屋にあるのはノートパソコン1台くらいで、あとは何もないですよって……。

TG：ひょっとしたらその様子を取材するのも面白かったかもしれないね。でも、あのときは

ジェフ・ジョーンズへのSkypeインタビュー。Amoeba.avのグリッチ・エフェクトを使ってひねりを加え、ジョーンズや彼の粘菌プログラムが生きる仮想世界を想起させた。

映画を完成させる必要があり、それでSkypeでインタビューを設定したんだよね。スピーカーにマイクをいくつも取りつけた、間に合わせの不格好なセットだったけど。それで変なアングルから画面を撮影して……。でも、結果的にジェフさんがプログラマーだったこともあって、Skypeで手っ取り早く済ませたことがうまくいった。本当に運が良かったと思う。

JS：あれを、たとえばブリンさんとやってもうまくいかなかっただろうね。

TG：うん。あれはほんと、ジェフさんじゃなかったら悲惨なことになってたよ。Skypeチャットの撮影は難しいんだ。ドキュメンタリーを撮る人にそのことを話せば、何でそんなことをって感じで首を振りながら、ぼそっと「え、ご愁傷様……」っていわれるはずだよ。Skypeを撮った映像をちゃんと形にしなきゃと思ったのは、クレアさん（クラウス・ペーター・ツァウナーのインタビューやヘザー・バーネットの最初のインタビューを、別カメラで撮影したクレア・リチャーズ）がそれを見て、「うまく撮りましたね、これなら

使えますよ」っていってくれたからなんだ。本当に報われたと思ったね。初めクレアさんは、Skypeの映像なんてうまく撮れっこないって確信していたわけだから。それは愚行だっていうのが彼女の頭の中にあったんだよ。

JS：でも実際には、あの撮影方法はジェフさんにぴったりだった。映画を貫いているメインテーマのひとつ、表現がすべてというメッセージを体現していたからね。この映画では、幻燈ショーやスーパー8フィルムからタイムラプスHDまで使ったけど、ジェフさんは表現を最も抽象的なレベルまで押し上げて、もともとの生物の痕跡をすべて消し、ハードドライブ上に生きる完全な仮想粘菌を作り上げた。だから、彼をコンピュータ画面上にデジタル信号として映し出すのは、理にかなっていた。

TG：そうだね。で、Amoeba.av◆1のグリッチ・エフェクト◆2を使ってさらに映像を崩したら、すごく良くなった。予算と機材のもろもろの問題は、決断できるかどうかなんだよ。とにかくできることをやり、必要な手段を使って何かし

◆1 映像や音楽などクリエイティブな活動を行い、アーティストのサポートも行う団体、またはプラットフォーム。

◆2 意図的に映像にノイズや歪みなどを入れる手法。

ら形にするのか、それともある程度の予算と専用機材がなければ何もしないのかということなんだ。

　理想をいえば、予算を取ってきて豪華な映画を作れたら素敵だよ。でも現実は、僕らのやり方は作品の方向性とマッチしていた。それは、君がいったように、僕らには時間があったからなんだよね。森でのロケは時間を食うわりに、常に成果が上がるわけじゃない。5回ロケをしたとしてもひとつしか発見がないかもしれない。だから、それをやるにはエネルギーがいるんだ。ふたりしてそれに取り組み、それぞれ役割を抱えて、頭をフルに使って考えなければいけない。

JS：構成や計画の詳細を考える時間がたっぷりあったとはいえ、実際のインタビューそのものは濃密だったよね。たとえばブーンさんのときは、すべて2時間程度で撮り終えた。あの朝しかできなかったし、別の日に2度目のインタビューを設定するのは誰にとっても都合が悪かったというのもあるけど。サウサンプトン大学でクラウス・ペーター・ツァウナーさんにインタビューしたときも、2～3時間でとんぼ返りして、驚かれたよね。彼を1年ほど前に取材した別の撮影クルーは、たった3分のテレビ映像のために、照明をいじったり同じ質問を何度も何度も撮り直したりして、丸一日を費やしたそうだからね。

TG：狭いオフィスでの撮影で自分を苦しませたいなら、そういうこともできなくもないけどね……。

JS：それに、あらかじめ頭の中でイメージしていた通りの完璧なセリフをインタビュー相手にいってもらおうとすることだってできるよね。「もう一度少し表現を変えていってください」とか聞き続けて、相手に自分の望む言葉をいわせるように誘導して。

TG：そうだね。今回の制作で学んだのは、取材相手の言動を縛らずに自由にいろいろとやってもらうことの重要性だ。そこから面白いことが起こるんだよ。すぐには何も起こらないかもしれないけど、とにかく始めてみて、待つ。そして、僕たちが期待していることを押しつけない。

　初めから意図していたわけではないのに、僕たちが本当に求めていたのはこれだったんだという映像が撮れたりして、その映像がまたすごく良かった。意外なことや想定外のこともあって。あまり押しつけすぎず、あらかじめ映画の中での役割を決めず、自然体で振る舞ってもらえば、僕たちも柔軟に動けて、後で何かを足すこともできる。ブーンさんがいい例だね。まだ幻燈の映像の取り残しがあって、幻燈と一緒に映ってもらう人を探していたんだけど、ただ幻

左の写真：
ペトリ皿上のモジホコリがオートミールを結んで形成したネットワーク。写真に写る小さな紙切れに置かれた菌核が、ここまで成長した。

モジホコリの実験のために寒天溶液を準備するヘザー・バーネット。

2009年の秋、休暇中にフランスで見つけた粘菌の変形体（種は不明）。

燈の横に座ってもらうだけではつまらない。幻燈を一度も動かさないと、映画を見た人は「そりゃないよ。動いてるところが見たいのに。素敵だよ、と紹介しておきながら見せてくれないなんて！幻滅したよ！」ってなると思ったんだ。それでは、じらしておきながら、そのことは忘れて先に進むことになってしまうし、動く幻燈を見つけられなかった、怠惰な作り手になってしまう。だから、幻燈のシーンを別途撮らなければならなかったんだ。

JS：その点に関しては、今回の映画は粘菌のように成長していく、とずっと話し合っていたよね。あれやこれやと撮影し、その流れに任せて、行き着く先に何があろうとなかろうと、さまざまな方面に手を伸ばしてみよう、と。ヘザーさんも初対面のときに、粘菌の成長はある程度は導けるけど、完全にコントロールすることはできない、といっていたね。

TG：いいアナロジーだね。テーマをプロジェクトの中心に据えて、それを設計図にしてプロジェクトを進めていくのが、僕は理想のスタートだと思うんだ。映画の構成の中に、テーマのエッセンスを埋め込むことができるからね。そうやって組み立てれば、瞬間瞬間にテーマの存在が感じられるし、ほんのささいな部分にもそれが表れる。今観返してみても、僕自身、作っている間は気づかなかったような発見があるんだよ。

JS：もう少しビジュアル面の影響について話そうか。初めに制作のアプローチについて話し合っていたとき、お互いのどちらかしか見たことのない映画の話が出たよね。たとえば君が『アンドロメダ…』の話を出したとき、僕はまだ一度も観たことがなかった。実際に観たのは、制作が始まりしばらく経ってからだったんだ。

TG：それでも、『The Creeping Garden』の中に僕たちが観た作品のオマージュを含めたのは、実に面白いアイデアだったんじゃないかな。

ヘザー・バーネットが撮影した不気味な写真。モジホコリが虫の死骸を包み込み、さらに別の死骸へと仮足を伸ばしている
(© Heather Barnett)。

『フェイズIV／戦慄！昆虫パニック』と『アンドロメダ…』の2作品が特に重要で、それから『大自然の闘争／驚異の昆虫世界』も重要な作品だ。『フェイズIV』で衝撃的だったのが、冒頭の数分間はまさに自然映画っぽく始まるのに、変化球を投げてくるところ。ヘンテコなセットをアリに歩かせて、しかもそのおでこには何かが糊付けされているんだ。それを除けば自然映画っぽいんだけど、妙なSF映画風に仕上がっているから、正真正銘の自然映画ではない。僕たちのやり方も、粘菌は常にタイムラプスで見せているから、粘菌は常に人間のタイムスケールとは異なる次元で動いている。でも、それが奇妙な雰囲気を醸し出していて、SFらしさがある。それと、自然映画っぽい始まりにはしたけど、自然映画とはどことなく違う。手を加えて、ちょっとエッジを効かせたんだ。いうなれば、独創的な味を加えることでSF感を出したんだ。

そこは『フェイズIV』へのオマージュだけど、生き物をつぶさに観察するという部分は『アンドロメダ…』を参考にしている。『アンドロメダ…』での僕のお気に入りは、研究室で微生物をじろじろ見ているシーンで、あのシーンの影響はかなり大きいんだ。『アンドロメダ…』で使われたようなジオプターで映像を完全に再現したわけではないけど、あの映画の精神は息づいているはずだよ。

JS：映像を合成していく過程でも、やはり被写界深度を変えながら3回撮影する必要があったよね。

TG：予告編に含めた初期の映像で、最終版の映画には入れなかったものもあるんだけど、その中でも特に悔いが残るのは、美的な要素だね。ああいうことを映画全編でやろうと当初は話してたよね。でも制作を始めてすぐ、それを全編通してやるのは非現実的だってことに気づいた。特にプレッシャーがかかるインタビューでは無理だと気づいたね。

とはいえ、将来の作品ではそういうことをも

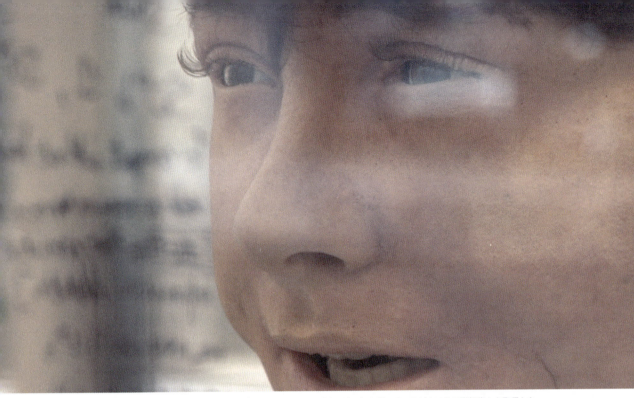

ハンソン・ロボティクス・リサーチ社製のロボットの頭。エラ・ゲイルはこれを使って、モジホコリの単細胞から取得した
電子データを感情という形で表現した。

っとできると思う。もう少し体制を整えればい
いだけだから。でも何が本当に悔やまれるかと
いえば、あえて引いた感じの映像を入れること
で違和感や映画らしさを出せなかったことかな。

JS：そうだね。でも一方で、映画の冒頭と最
後に出てくるテレビ映像によって、『悪魔のい
けにえ』にも似た不気味な雰囲気が出ているよ
ね。その後にはマークさんが森の中を訝しげに
歩き回る映像が続く。

TG：あのシーンは本当に笑えるよね！そうい
えば『KanZeOn』の制作中にニール・キャン
トウェルさん（共同監督）と音の使い方について
話したときも、僕が『悪魔のいけにえ』を例に
出したんだ。ニールさんはちょっとびっくりし
たみたいだけどね。ここでもその話題が出ると
は……。『悪魔のいけにえ』を参考にするのは
おかしいかもしれないけど、あれは傑作だよね。
　でも思うに、あのシーンは映画への愛とか、
テレビ以外の媒体で鑑賞するのが好きとか、映
画らしく表現されたものを鑑賞するのが好きと

か、そういう気持ちがあるからなんだ。そもそ
も"映画的"ってどういうことかといえば、映像
を提示する方法の問題だと思うんだ。

JS：僕はジャック・クストーの『太陽のとど
かぬ世界』（1964）という映画も大好きなんだけ
ど、あれに出てくるテクノロジーは当時として
は最先端だったようだね。ただ、今見ると雑
な印象を受けるかもしれない。『The Creeping
Garden』に登場するロボットの頭にも少し共
通したところがあって、ちょっと荒削りなもの

子実体を形成し始めて間もない粘菌（種は不明）。
虫やカタツムリの卵のように見えるのが興味深い。

アートの素材のために野生の個体を集めるヘザー・バーネット。

として映し出されている。アダマツキーさんの
もろもろの実験も比較的ローテクだよね。

TG：そう。それが編集の構成の軸だったんだ。
70年代のSF映画の感じを出したかったんだよ。
エラさんの言葉を借りれば、「ワニグチクリッ
プ」なんだ。実際、アダマツキーさんのペトリ
皿の実験とか、**3D**プリントした巨大な迷路とか、
ロボットの頭とか、それからエドゥアルドさん
のピアノから伸びているケーブルとかは、現代
映画に出てくるハイテクな研究所よりも、70
年代映画の科学研究所にふさわしい感じがある。

JS：ハイテクな研究所はすっきりしすぎていて、
スクリーンで見ると退屈だよね。コンピュータ
やモニターが興味をそそるかというと、そうで
もないと思うんだ。今ではありふれた存在だか
らね。

TG：そうなんだ。僕自身、ちゃんと実体があって、
見た目は不格好だけど、すべてを変えるかもし
れない何かが芽生えつつある感じがしているん
だよ。たとえば、「粘菌ひげ」っていう触覚セン
サーが付いた、アダマツキーさんの奇妙な装
置がちゃんと機能して、それを使ってもっとハ
イテクなものが作れるとする。そうなれば、ゆ

くゆくは別宇宙と通信できる、毛で覆われたスー
ツができるかもしれない。だから、やっぱり
始まりはペトリ皿の装置の中の塊みたいなもの
でなくちゃいけないんだ。そのほうが説得力が
あるからね。ハイテクとは正反対の科学で、ア
ートと科学の奇妙な融合というか。

　『**The Creeping Garden**』の制作でもうひとつ
学んだことは、粘菌だけではなく、人々に目を
向けないとどうにもならないということ。たと
えば『コヤニスカッツィ／平衡を失った世界』
（1982）のような80分の粘菌映画も作れたと思
うけど、観てくれた人が途中で疲れないような
ものにすることも重要かもしれないね。

（終）

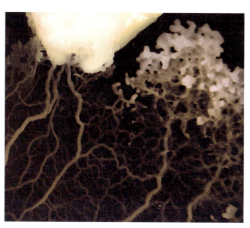

ティム・グラバムによる変形体の抽象表現。『The Creeping
Garden』用に作成。

Shinichi Kawakami

Toshiyuki Nakagaki

川上新一×中垣俊之 対談
（和歌山県立自然博物館）　（北海道大学）

粘菌研究の未来

その特異な生態から、南方熊楠や昭和天皇をはじめ、さまざまな研究者たちを魅了してきた粘菌。その粘菌研究の最前線で活躍する2人の日本人研究者は今、何を見ているのか。細胞性粘菌・真正粘菌の分類や系統の研究に取り組み、本書日本語版の監修を務めた和歌山県立自然博物館の川上新一学芸員と、粘菌に迷路を解かせる研究で注目を集め、2度のイグ・ノーベル賞を受賞した北海道大学の中垣俊之教授が、粘菌研究の過去・現在・未来について語る。

取材・文／斉藤勝司

粘菌研究のはじまり

中垣　川上先生はどのような経緯で粘菌を研究されるようになったのですか？

川上　粘菌のことは大学に入ってから知りました。それで粘菌の研究室の門を叩いて、細胞性粘菌を研究するようになったのですが、1991年が南方熊楠の没後50年の記念の年だったこともあって、国立科学博物館で熊楠の功績を紹介する特別展が開催されました。このときはブームといえるほどの盛り上がりで、デパートが集客目的に熊楠展を開催するほどでした。

中垣　確かに大きなブームになりましたね。

川上　熊楠を紹介するとなると、彼が研究した粘菌についても触れることになりますから、熊楠ブームに乗って粘菌という生物のことを知った人も多いのでしょうね。中垣先生は、どのような経緯で粘菌を研究されるようになったのですか？

中垣　大学で薬学部に進学したのですが、3年生の学生実験の授業で「複室法*¹」という、真正粘菌における原形質流動の駆動力、特に、その駆動力のリズム性や強さ、気圧などを正確に測定する方法を知りました。ただ、実験を行うグループ分けの関係で、私は複室法の実験を行うことはできなかったのですが、仲間がやっている実験を覗いて、粘菌を初めて見ました。

川上　初めての粘菌の印象はいかがでしたか？

中垣　見た目にはマヨネーズのような姿をしているのに、1時間に1cmぐらいの速さで動くんですよね。動物に比べればゆっくりとはいえ、動いていることを実感できますからね。造形美も誠に魅力的で、こんな生き物がいたのかと興味を持ち、物理化学の手法で粘菌を調べている研究室で卒業研究に取り組むことになりました。特に、BZ反応（p.113参照）のパターン形成のように、物質の世界から生命が立ち上がってくるかのようなメカニズムに関心を持ち、そういった視点で粘菌を見ていきたいと考えていたんです。

川上　その頃から将来は研究者に、というお考えだったのですか？

中垣　学部の4年生のときにサイエンス誌に掲載された複室法の論文を読む機会がありました。そ

中垣俊之（なかがき・としゆき）
北海道大学電子科学研究所教授
1963年、愛知県生まれ。1987年、北海道大学薬学部卒。1989年、同大学薬学研究科修士課程修了。5年ほどの製薬会

社に勤めた後に退職。1997年、名古屋大学人間情報学研究科博士課程修了。学術博士。理化学研究所研究員、北海道大学電子科学研究所助教授、公立はこだて未来大学システム情報科学部教授な

どを経て、2013年10月より現職。2008年、2010年にイグ・ノーベル賞を受賞。著書に『粘菌 その驚くべき知性』（PHP）。『粘菌 偉大なる単細胞が人類を救う』（文藝春秋）などがある。

こでは、決して大仰な研究機器を使うことなく、今ならホームセンターで手に入りそうな簡単な器具で測定装置を自作しており、そのクラフトマンシップに強い憧れを抱くようになりました。そんな研究をしてみたいという思いから、可能ならば将来は研究者に、との夢を持つようになり、修士課程には進学したのですが……。大学院生として研究に取り組むようになると、恩師をはじめ、研究室の先輩たちがいかに優秀かがわかってきて、こんな優秀な人たちがいる世界で自分は太刀打ちできるのだろうかと心配になりましてね。修士課程を修了して製薬会社に就職し、粘菌とはお別れすることになりました。

川上　いったん企業に勤められて、どのようなきっかけで大学に戻られたのですか？

中垣　研究部門に配属され、楽しく研究をさせてもらってはいましたが、新薬開発の主役は有機化学や生物化学で学位を取った人たちで、専門が物理化学だった私は、もっぱら彼らをサポートする仕事をしていました。ただ、数理科学の勉強が好きでしたから、数理科学で新薬開発に貢献できるのではないかと期待して、密かに勉強を続けていたら、周囲の者からアドバイスを求められるようになっていきました。修士課程のころには理解できなかった数学や物理の理論も理解できるようになってきて、研究の面白さを再認識したことで、一念発起。勤めていた製薬会社を退職して博士課程に進学し、再び粘菌と付き合うようになりました。

研究方法と研究者たち

川上　中垣先生というと、イグ・ノーベル賞を受賞された迷路の研究で有名ですが、どのような経緯で粘菌に迷路を解かせようと考えたのですか？

中垣　実は恩師が「粘菌は賢い」と提唱していました。そこで、粘菌の賢さを明快に示すことを考えるようになり、迷路を解かせることにしたのです。といっても、最初から迷路にたどり着いたわけではありません。飼育容器にエサのオートミールをばらまくと、散らばったエサに管を伸ばして食べに行くんです。そこで離れた2か所にエサを置いて、どのように管を伸ばすのかを観察すると、多少は蛇行するものの概ねまっすぐに管を伸ばし

ました。何度試しても同じように管を伸ばしたので、これほど再現性が良いなら、もっと複雑なことをさせても大丈夫だろうと考えました。ちょうどこのころ、「BZ反応で迷路を解く」という論文が出まして、私はBZ反応の研究を続けていましたから、よし、同じ迷路を粘菌に解かせてみようと思ったわけです。

川上　それで迷路の実験に行き着いたわけですね。実験ではモジホコリを使用されていますが、他の粘菌では試されたのですか？

中垣　そのことはよく尋ねられるのですが、私たちの研究室で飼うことができているのはモジホコリだけです。他の粘菌の飼育にはチャレンジしているものの、なかなか実験に使えるほどの大きな変形体まで育てることができておらず、モジホコリ以外の粘菌を用いた実験は今後の課題ですね。ですから、真正粘菌については、まだまだ研究すべきことはたくさんあります。前述した神谷先生が活躍された1940年代から真正粘菌は研究されているのに、生物学に分子生物学や遺伝子操作などの研究手法が導入されるようになった1990年代から、急速に真正粘菌の研究が衰退してしまいました。

川上　遺伝子操作により特定の遺伝子の働きを調べる研究が盛んに行われていますが、真正粘菌の場合、変形体は単細胞とはいえ、二倍体で無数の核を持っていますから、遺伝子操作が難しい面はありますよね……*2。

中垣　それに遺伝子操作をするのに必要なベクターが入りにくいという問題もあるとうかがったことがあります*3。いずれにせよ、分子生物学が急速に発展する一方で、真正粘菌は分子生物学のアプローチが使えなかったがために、真正粘菌の研究者は減ってしまい、2000年代の初め頃に国際会議が開催できなくなることもありました。

川上　戦後長い間、粘菌といえば、真正粘菌を指すことが多かったのに、真正粘菌に比べて扱いやすい細胞性粘菌の研究の方が活発になって、研究者数が逆転してしまいました。

中垣　ただ、最近になって複雑系をはじめ、情報科学、ネットワーク科学など工学分野の研究者が真正粘菌を扱うようになってきたので、少し息を吹き返しつつあるように感じています。

川上　億単位の核を持っているので、真正粘菌のゲノムを網羅的に解読することは難しいとはいえ、以前に比べるとゲノム解読のコストは大幅に下がってきましたから、今後、分子生物学の手法による真正粘菌の研究も行っていけるようになるかもしれませんね。

現在取り組んでいるテーマ

川上　現在、どのような研究に取り組んでいらっしゃるのですか?

中垣　粘菌の個性や意志決定に注目していまして、粘菌が毒を前にエサを取りに行くことをためらうかどうかを調べる実験を行っています。縦に細長いレーンを用意して、粘菌とエサの間にキニーネという化学物質を塗っておきます。粘菌にとってキニーネは毒ですから、粘菌はキニーネ帯から遠ざかろうとします。しかし、すぐに死んでしまうほどの毒ではありませんから、キニーネ帯を乗り越えてエサを取りに行くものがいる一方、キニーネ帯を嫌がって退くものもいます。行動選択のオプションを増やすこと、これが行動学の大きなテーマのひとつでもあるわけですが、こうした行動選択の違いが何によってもたらされるのか、行動選択のオプションがどのように増やされるのかを解き明かそうと、日々研究を進めています。

川上　生物学の立場で考えますと、多核であることが、真正粘菌の行動選択に関わっているのではないかとも推測するのですが……。

中垣　多核については、私の研究テーマではないので何ともいえませんが、ひとつの細胞の中に多くの核があることを統一的に読み解いていく研究も、今後、腰を据えて取り組んでいかなければならないでしょうね。

川上　ひとつの仮説でしかありませんが、核間に何らかのネットワークがあって、それが生物としての柔軟性に関わっているのではないかとも考えているんです。

中垣　粘菌の核は概ね10時間に1回のペースで分裂しており、その分裂サイクルは同期しているのだそうです。ということは、数億ある核の間で確実に情報伝達が行われているわけで、何らかのネットワークが存在しているのでしょう。ただ、複数個体の粘菌が融合して、異なる個体由来の核が混在することもありますよね。株によっては融合したり、しなかったりしますし、融合したようでいて、融合後に一方の粘菌由来の核だけを排除することもある。こんなことは驚異の世界だと思うのですが(笑)、どんなしくみで行なっているのか、なぜそんなことをするのか、わったくわからない。そこでどのような核間ネットワークが形成されているのかも、とても気になるところです。

川上　生物学的種概念[*6]から考えると、一方の核を排除するのは、融合のように見えていても、実は片方がもう一方を摂食しているのだと捉えることもできるかもしれません。細胞性粘菌を用いた研究では、異なる種を同じ容器の中で飼うと相手を殺す「キラー現象」が観察されていますし、真正粘菌でも同様の現象があるかもしれませんので。

中垣　強いものと弱いものがいるということになりますね?

川上　まだタンパク質性の物質であるということまでしかわかっていませんが、「キラー物質」と呼ばれるものを分泌して、別種の粘菌を殺すことまでは明らかになっています。ですから、融合が起こって両者の核を保持するものは同種、融合しているようでも一方の核が排除されるのは、元々、別種の粘菌だったとも考えられるかもしれません。

中垣　片方の核が排除されるケースも、株こそ違えども、同じモジホコリでしたが……。

川上　実は最近発表された研究で、形態的に同じように見える子実体であっても、繁殖できるかどうかを試してみて、繁殖できなかったものを改めて比較してみると、形態の違いが認められたそうです。もしかしたら核の排除は生殖隔離のような機能があったのかもしれません。

未来の粘菌研究

中垣　数年前、バクテリアを増やして食べている粘菌が報告されましたね。

川上　はい。アメーバに付着しているバクテリアを増やして、増えた分を食べているとの研究報告がありました。しかも、抗生物質を与えて実験的にバクテリアを殺した粘菌と比較すると、バクテリアを飼っている粘菌の方が、子実体が大きくなり、胞子の数も増えることも明らかになっていますから、粘菌がエサを得るためにバクテリアを育

てているともいえる。この研究でバクテリアを飼っていることが明らかになったのは細胞性粘菌ですが、真正粘菌でも他の微生物と共生関係にあるものがいても不思議ではないと考えています。

中垣 その点で、これからは自然界での粘菌の暮らしに注目していきたいと思っています。最初に出会った粘菌が実験室で飼われているものでしたし、迷路を解かせるのも、人間が整えた環境の中での振る舞いでしかありません。私の知る粘菌像はもともとバイアスがかかったものだったんです。自然界での粘菌の振る舞いをじっくり観察し、全く想像もしていなかったような局面を、そこから拾い出していきたい。バクテリアを飼っているような粘菌が見つかるかどうかはわかりませんが、粘菌は厳しい自然界でたくましく生きているわけですよね。私には想像すらできない奇想天外な営みをしていても何らおかしくない。その中にはバクテリアを栽培する細胞性粘菌のように、他の生物と共生関係を結んでいるものがいるかもしれません。それから、現代の遺伝子シークエンス技術にも注目しています。かつては巨額の費用と時間をかけなければできなかったことが、今は少しのお金でできるようになった。このことをよく考えて、うまく使っていくことが重要でしょうね。

川上 他の生物との関係については私も注目しています。土壌微生物との関わりだけでなく、昆虫とも何らかのインタラクションがあるかもしれません。しかし、それを明らかにすることは非常に難しいでしょうね。

中垣 1対1ならまだいいのですが、複数種の生物と関わりがあるものもいるかもしれません。植物の中には害虫に葉を食べられると、何らかの揮発性物質を出して、害虫の天敵の昆虫を呼ぶものがいますよね。これに似た関係が粘菌を中心にして存在するかもしれないわけで、それを野外での観察によって解き明かしていきたいと考えています。川上先生は、どのような研究をされようとお考えですか?

川上 数多くの核を持つ真正粘菌では難しいとしても、細胞性粘菌なら全ゲノムの解読もできると考えています。そこで、中垣先生の実験と組み合わせれば、粘菌の知性がいかなる遺伝子によりもたらされるのかが少しは明らかになるのではない

でしょうか。もちろん、真正粘菌でも遺伝子を網羅的に解読する研究が行われることも期待していますが……。

中垣 確かに真正粘菌の全ゲノムを網羅的に解読するということは、これだけゲノム解読技術が発達している以上、それを活用しない手はないです。多核ゆえに真正粘菌のゲノム全貌を解き明かすことは難しいにしても、その一端でも明らかになれば、粘菌の行動を解き明かす重要な情報になるでしょうね。

川上 今後の中垣先生の研究も注目しています。今日はありがとうございました。

中垣 こちらこそ、ありがとうございました。

＊1：当時大阪大学で細胞生物学の研究をしていた神谷宣郎教授が1942年に考案。この方法の発見以来、世界各国で細胞生理学的研究が行われるようになった。
＊2：染色体を2組有する細胞や個体を二倍体という。二倍体の遺伝子操作では、父方と母方の対立遺伝子両方を組み換える必要があるが、一方だけ組み換えることができても、両方組み換えることは難しかった。多核では、なおさら困難である。
＊3：ベクターとは、ある遺伝子を細胞内に導入し、遺伝子組み換えを起こさせるためのDNA媒体。ベクターに組み込まれた遺伝子が細胞に導入され、組み換えが行われても、＊2の理由で完全に組み換えることが難しいため、効果は限定的になる。
＊4：1942年にエルンスト・マイヤーが提唱。生息地域が重なり、自然環境下で有性生殖を行う生物同士が、子孫を継続的に残すとき、同一種とみなすという概念。有性生殖で生じた子孫が自然環境下で生きていけないならば、同一種とは認められない。例えば、虎とライオンの間でできた子は自然界では生きていけない。この概念が出てくる以前は主に形態的特徴によってのみ種を規定していた。

2017年8月、紀伊田辺シティプラザホテルにて対談。

参考文献

書籍

- Adamatzky, Andrew. *Physarum Machines: Computers from Slime Mould* (World Scientific, 2010).
- Adamatzky, Andrew (ed.). *Bioevaluation of World Transport Networks* (World Scientific, 2012).
- Adamatzky, Andrew. *The Silence of Slime Mould* (Luniver Press, 2014).
- Adamatzky, Andrew (ed.). *Atlas of Physarum Computing* (World Scientific, 2015).
- Adamatzky, Andrew and Chua, Leon (eds.). *Memristor Networks* (Springer, 2013).
- Adamatzky, Andrew; de Lacy Costello, Ben and Asai, Tetsuya. *Reaction-Diffusion Computers* (Amsterdam: Elsevier, 2005).
- Adamatzky, Andrew and Schubert, Theresa (eds.). *Experiencing the Unconventional: Science in Art* (World Scientific, 2015).
- Allegro, John M. *The Sacred Mushroom and the Cross* (London: Hodder and Stoughton, 1970).
- de Bary, Anton. Die Mycetozoen (Schleimpilze). *Ein Beitrag zur Kenntnis der niedersten Organismen* (Leipzig: Engelmann, 1864) [ドイツ語].
- de Bary, Anton. *Vergleichende Morphologie und Biologie der Pilze, Mycetozoen, und Bacterien* (Leipzig: Engelmann, 1884) [ドイツ語].
- Bonner, John. *The Social Amoebae: The Biology of Cellular Slime Molds* (Princeton University Press, 2009).
- Boon, Timothy. *Films of Fact: A History of Science in Documentary Films and Television* (London: Wallflower, 2008).
- Conrad, Michael. *Adaptability: The Significance of Variability from Molecule to Ecosystem* (Plenum Press, 1983).
- Creese, Mary. *Ladies in the Laboratory? American and British Women in Science, 1800-1900: A Survey of Their Contributions to Research* (Lanham, Maryland: Scarecrow, 1998).
- Durden, J. Valentine; Smith, F. Percy and Field, Mary. *Cine-Biology* (London: Pelican Books, 1941).
- Evans, Shelley and Kibby, Geoffrey. *Pocket Nature: Fungi* (UK: Dorling Kindersley, 2004).
- Field, Mary and Smith, Percy. *Secrets of Nature* (London: The Scientific Book Club, 1939).
- Field, Mary; Durden, J. Valentine and Smith, F. Percy. *See How They Grow* (London: Pelican Books, 1952).
- Figal, Gerald. *Civilization and Monsters: Spirits of Modernity in Meiji Japan* (Duke University Press, 1999).
- Hanson, David. *Humanizing Interfaces: An Integrative Analysis of the Aesthetics of Humanlike Robots* (Dallas: Univ. of Texas, 2007).
- Ing, Bruce. *Myxomycetes of Britain and Ireland* (Slough, UK: Richmond Publishing, 1999).
- Ing, Bruce. *Biodiversity in the North West: The Slime Moulds of Cheshire* (University of Chester Press, 2011).
- Johnson, Steven. Emergence: *The Connected Lives of Ants, Brains, Cities, and Software* (London: Penguin Books, 2001).
- Keizer, Gerrit J. *The Complete Encyclopedia of Mushrooms* (The Netherlands: Rebo International, 1998).
- Large, E.C. *The Advance of the Fungi* (London: Jonathan Cape, 1940).
- Levy, Steven. *Artificial Life: The Quest for a New Creation* (Penguin science, 1993)

- Lister, Arthur. *A Monograph of the Mycetozoa: Being a Descriptive Catalogue of the Species in the Herbarium of the British Museum* (London: Longmans & Co., 1894, 1911, 1925).
- Lister, Arthur. *Guide to the British Mycetozoa Exhibited in the Department of Botany*, British Museum (Natural History), (London: British Museum, Natural History, 1903).
- Martin, G.W; Alexopoulos, C.J. and Farr, M.L. *The Genera of Myxomycetes* (University of Iowa Press, 1969, 1983 ed.).
- Miranda, Eduardo Reck. *Thinking Music: The Inner Workings of a Composer's Mind* (University of Plymouth Press, 2014).
- Money, Nicholas P. *Mr. Bloomfield's Orchard: The Mysterious World of Mushrooms, Molds, and Mycologists* (Oxford, UK: Oxford University Press, 2002).
- Nannenga-Bremekamp, N.E. *A Guide to Temperate Myxomycetes* (Biopress, 1991).
- Neubert, Hermann; Nowotny, Wolfgang; Baumann, Karlheinz and Marx, Heidi. *Die myxomyceten band 1-3* (Karlheinz Baumann, 1993/1995/2000) [ドイツ語].
- Phillips, Roger. *Mushrooms and Other Fungi of Great Britain & Europe* (UK: Pan Books, 1981).
- Poulain, Michel; Meyer, Marianne and Bozonnet, Jean. *Les Myxomycètes vol 1 & 2* (Fédération mycologique et botanique Dauphiné-Savoie, 2011) [フランス語].
- Rolfe, R.T. and Rolfe, F.W. *The Romance of the Fungus World: An Account of Fungus Life in Its Numerous Guises, Both Real and Legendary* (London: Chapman and Hall, 1925).
- Stamets, Paul. *Mycelium Running: How Mushrooms Can Help Save the World* (Berkeley, California: Ten Speed Press, 2005).
- Stephenson, Steven and Stempen, Henry (illustrations). *Myxomycetes: A Handbook of Slime Molds* (Portland, Oregon: Timber Press, 1994).
- Urban, Charles and McKernan, Luke (eds.). A Yank in Britain: The Lost Memoirs of Charles Urban, Film Pioneer (Hastings: The Projection Box, 1999).
- 鶴見和子『南方熊楠 地球志向の比較学』(講談社学術文庫、1978)

雑誌記事、雑誌論文など

- 'Fly-eating Robot Powers Itself', *CNN Technology*, 29 December 2004.
- 'Shrinking Blob Computes Traveling Salesman Solutions', *MIT Technology Review*, 25 March 2013.
- Abdel-Raheem, Ahmed M. 'Myxomycetes from Upper Egypt', *Microbiological Research* vol. 157 no. 1 (2002), pp.47-67.
- Adamatzky, Andrew. 'On Attraction of Slime Mould *Physarum polycephalum* to Plants with Sedative Properties', *Nature Precedings* (May 2011).
- Adamatzky, Andrew. 'Towards Slime Mould Colour Sensor: Recognition of Colours by *Physarum polycephalum*', Organic Electronics vol. 14 no. 12 (December 2013), pp.3355-61.
- Adamatzky, Andrew. 'Towards Plant Wires', *Biosystems* 122 (August 2014), pp.1-6.
- Adamatzky, Andrew and de Lacy Costello, Ben. 'Experimental Logic Gates in a Rection-Diffusion Medium: The XOR Gate and Beyond', *Physical Review E* 66 (2002).
- Adamatzky, Andrew and de Lacy Costello, Ben. 'Experimental Implementation of Collision-based Gates in Belousov-Zhabotinsky Medium', *Chaos, Solitons & Fractals* vol. 25 no. 3 (August 2005), pp.535-544.

· Adamatzky, Andrew; Dimonte, Alice; Cifarelli, Angelica; Berzina, Tatiana; Chiesi, Valentina; Ferro, Patrizia; Besagni, Tullo; Albertini, Franca and Erokhin, Victor. 'Magnetic Nanoparticles-loaded *Physarum polycephalum*: Directed Growth and Particles Distribution', *Interdisciplinary Science Computational Life Sciences* (November 2014).
· Adamatzky, Andrew and Jones, Jeff. 'On Electrical Correlates of *Physarum polycephalum* Spatial Activity: Can We See Physarum Machine in the Dark?', *Biophysical Reviews and Letters* 6 (2011), pp.29-57.
· Adamatzky, Andrew; Kitson, Stephen; de Lacy Costello, Ben; Matranga, Mario Ariosto and Younger, Daniel. 'Computing with Liquid Crystal Fingers: Models of Geometric and Logical Computation', *Physical Review E* (2011).
· Adamatzky, Andrew and Schubert, Theresa. 'Slime Extralligence: Developing a Wearable Sensorial and Computing Network with *Physarum polycephalum*.' Working Paper. (University of the West of England, 2013).
· Adamatzky, Andrew; Shirakawa, Tomohiro; Gunji, Yukio-Pegio and Miyake, Yoshihiro. 'On simultaneous construction of Voronoi diagram and Delaunay triangulation by *Physarum polycephalum*', *International Journal of Bifurcation and Chaos* 19 (2009) pp.3109-3117.
· Angel, K. and Wicklow, D.T. 'Relationships Between Coprophilous Fungi and Fecal Substrates in a Colorado Grassland', *Mycologia* vol. 67 no. 1 (Jan-Feb 1975), pp.63-74.
· de Bary, Anton.' Über die Myxomyceten', *Botanische Zeitung* 16 (1858), pp. 357-358, 361-364, 365-369 [ドイツ語].
· de Bary, Anton. 'Die Mycetozoen. Ein Beitrag zur Kenntnis der niedersten Thiere', *Zeitschr*. Wiss. *Zoo*. 10 (1859), pp.88-175 [ドイツ語].
· Blacker, Carmen. 'Minakata Kumagusu: A Neglected Japanese Genius', *Folklore* 94, no. 2 (1983) pp.139-152.
· Braund, Edward and Miranda, Eduardo. 'Music with Unconventional Computing: A System for *Physarum polycephalum* Sound Synthesis', *Sound, Music, and Motion: Lecture Notes in Computer Science* (2014), pp.175-189.
· Casselman, Anne. 'Strange But True: The Largest Organism on Earth Is a Fungus', *Scientific American*, 4 October 2007.
· Chua, Leon. 'Memristor - The Missing Circuit Element', *IEEE Transactions on Circuit Theory, September 1971* vol. 18 no. 5, pp.507-519.
· Corner, E.J.H. 'His Majesty Emperor Hirohito of Japan, K. G. 29 April 1901-7 January 1989', *Biographical Memoirs of Fellows of the Royal Society* vol. 36 (December 1990), pp.242-272.
· de Lacy Costello, Ben and Adamatzky, Andrew. 'Assessing the Chemotaxis Behavior of *Physarum polycephalum* to a Range of Simple Volatile Organic Chemicals', *Communicative and Integrative Biology* (September 2013).
· de Lacy Costello, Ben and Adamatzky, Andrew. 'Routing of *Physarum polycephalum* Signals using Simple Chemicals', *Communicative and Integrative Biology* (September 2014).
· Davis, Elmer E. and Butterfield, Winifred. 'Myxomycetes Cultured from the Peel of Banana Fruit', *Mycologia* vol. 59 no.5 (Sept-Oct 1967), pp.935-937.

· Gale, Ella; de Lacy Costello, Ben and Adamatzky, Andrew. 'Comparison of Ant-Inspired Gatherer Allocation Approaches Using Memristor-Based Environmental Models', *Bio-Inspired Models of Networks, Information, and Computing Systems, Lecture Notes of the Institute for Computer Sciences, Social Informatics and Telecommunications Engineering vol.* 103 (2012), pp.73-84.
· Gale, Ella; de Lacy Costello, Ben and Adamatzky, Andrew. Does the D.C. Response of Memristors Allow Robotic Short-Term Memory and a Possible Route to Artificial Time Perception?' in *International Conference on Robotics and Automation* (ICRA), (Karlsruhe: Institute of Electrical and Electronics Engineers, May 2013).
· Gale, Ella; de Lacy Costello, Ben and Adamatzky, Andrew. 'Design of a Hybrid Robot Control System using Memristor-model and Ant-inspired Based Information Transfer Protocols' in *International Conference on Robotics and Automation* (ICRA), (Karlsruhe: Institute of Electrical and Electronics Engineers, May 2013).
· Gale, Ella; Matthews, Oliver; de Lacy Costello, Ben and Adamatzky, Andrew. 'Beyond Markov Chains, Towards Adaptive Memristor Network-based Music Generation' in First *AISB Symposium on Music and Unconventional Computing*, University of Exeter, UK, 2-5 April 2013.
· Gilbert, H.C. and Martin, G.W. 'Myxomycetes Found on the Bark of Living Trees', *University of Iowa Studies in Natural History* 15 (1933), pp.3-8.
· Gough, Jeffrey; Jones, Gareth; Lovell, Christopher; Macey Paul; Morgan, Hywel; Revilla, Ferran; Spanton, Robert; Tsuda, Soichiro and Zauner, Klaus-Peter. 'Integration of Cellular Biological Structures Into Robotic Systems', *Acta Futura* 3 (2009), pp.43-49.
· Harada, Y. 'Badhamia utricularis Occurring in Fruit Bodies of Pholiota nameko in Sawdust Culture', *Bulletin of the Faculty of Agriculture* 28, Hirosaki University (1977), pp.32-42.
· Härkönen, M. 'Corticolous Myxomycetes in Three Different Habitats in Southern Finland', *Karstenia* 17 (1977), pp.19-32.
· Härkönen, M. and Saarimäki, T. 'Tanzanian Myxomycetes: First Survey', *Karstenia* 31 (1991), pp.31-54.
· Jones, Jeff. 'A Virtual Material Approach to Morphological Computation', in Helmut Hauser, Rudolf Füchslin and Rolf Pfeiffer (eds.), *Opinions on Morphological Computation* (University of Zurich, 2014).
· Jones, Jeff and Adamatzky, Andrew. 'Slime Mould Inspired Generalised Voronoi Diagrams with Repulsive Fields', *International Journal of Bifurcation and Chaos* (2013).
· Jones, Jeff and Adamatzky, Andrew. 'Computation of the Travelling Salesman Problem by a Shrinking Blob', *Natural Computing* vol. 13 no. 1 (March 2014), pp.1-16.
· Jones, Jeff and Adamatzky, Andrew. 'Material Approximation of Data Smoothing and Spline Curves Inspired by Slime Mould', *Bioinspiration & Biomimetics* vol. 9 no. 3 (September 2014).
· Jones, Jeff and Tsuda, Soichiro. 'The Emergence of Complex Oscillatory Behaviour in *Physarum polycephalum* and its Particle Approximation', *Proc. of the Alife XII Conference*, Odense, Denmark, 2010.

· Kim, Kuk-Hwan; Gaba, Siddharth; Wheeler, Dana; Cruz-Albrecht, Jose M.; Hussain, Tahir; Srinivasa, Narayan and Lu Wei. 'A Functional Hybrid Memristor Crossbar-Array/CMOS System for Data Storage and Neuromorphic Applications', *Nano Letters* vol. 12 no. 1 (2012), pp.389-395.

· Koevenig, James L. and Liu, Edwin H. 'Carboxymethyl Cellulase Activity in the Myxomycete *Physarum polycephalum'*, *Mycologia* vol. 73 no. 6 (1981), pp.1085-1091.

· Landecker, Hannah. 'Microcinematography and the History of Science and Film', Isis 97 (2006), pp.129-130.

· Lee, Douglas (text) and Zahl, Paul A. (photographs), 'Slime Mold - The Fungus That Walks', *National Geographic*, July 1981, pp.131-136.

· Lister, Arthur. 'The Second Report of Japanese Fungi', *Journal of Botany* vol. 49 (1905).

· Mims, Christopher. 'Amoeboid Robot Navigates Without a Brain', *MIT Technology Review,* 9 March 2012.

· Miranda, Eduardo R.; Adamatzky, Andrew and Jones, Jeff. 'Sounds Synthesis with Slime Mould of *Physarum polycephalum*", *Journal of Bionic Engineering* 8 (2011) pp.107-113.

· Nakagaki, Toshiyuki; Yamada, Hiroyasu and Tóth, Ágota. 'Maze-solving by an Amoeboid Organism', *Nature* 407 (28 September 2000), p.470.

·Nakagaki, Toshiyuki; Yamada, Hiroyasu and Tóth, Agota. 'Path Finding by Tube Morphogenesis in an Amoeboid Organism', *Biophysical Chemistry* 92 (2001), pp.47-52.

· Nakagaki, Toshiyuki; Kobayashi, Ryo; Nishiura, Yasumasa and Ueda, Tetsuo. 'Obtaining Multiple Separate Food Sources: Behavioural Intelligence in the Physarum asmodium', *Proceedings of the Royal Society*, London, 7 November 2004 (vol. 271 no. 1554), pp.2305-2310.

· Ishiyama, Yuta; Gunji, Yukio-Pegio and Adamatzky, Andrew. 'Collision-based Computing Implemented by Soldier Crab Swarms', *International Journal of Parallel, Emergent and Distributed Systems* vol. 28 no. 1 (2013), pp.67-74.

· Reid, Chris R. and Beekman, Madeleine. 'Solving the Towers of Hanoi - How an Amoeboid Organism Efficiently Constructs Transport Networks', *Journal of Experimental Biology* 216 (2013), pp.1546-1551.

· Reid, Chris R.; Beekman, Madeleine; Latty, Tanya and Dussutour, Audrey. 'Amoeboid Organism uses Extracellular Secretions to Make Smart Foraging Decisions', *Behavioral Ecology* vol. 24 no. 4 (July-August 2013), pp.812-818.

· Reid, Chris R.; Latty, Tanya; Dussutour, Audrey and Beekman, Madeleine. 'Slime Mold Uses an Externalized Spatial "Memory" to Navigate in Complex Environments', *Proceedings of the National Academy of Sciences* vol. 109 no. 43 (23 October 2012), pp.17490-17494.

· Reid, Chris R.; Sumpter, David and Beekman, Madeleine. 'Optimisation in a Natural System: Argentine Ants Solve the Towers of Hanoi', *Journal of Experimental Biology* 214 (2011), pp.50-58.

· Saigusa, Tetsu; Tero, Atsushi; Nakagaki, Toshiyuki and Kuramoto, Yoshiki. 'Amoebae Anticipate Periodic Events', *Physical Review Letters* 100 (January 2008).

· Schnittler, Martin. 'Ecology of Myxomycetes of a Winter-Cold Desert in Western Kazakhstan', *Mycologia* vol. 93 no. 4 (Jul-Aug 2001), pp.653-669.

· Spafford, Eugene H. 'Computer Viruses as Artificial Life', *Artificial Life* vol. 1 no. 3 (Spring 1994), pp.249-265.

· Stephenson, Steven L. 'Distribution and Ecology of Myxomycetes in Temperate Forests.II. Patterns of Occurrence on Bark Surface of Living Trees, Leaf Litter, and Dung', *Mycologia* vol. 81 no. 4 (Jul-Aug 1989), pp.608-621.

· Stephenson, Steven L.; Seppelt, Rodney D. and Laursen, Gary A. 'The First Record of a Myxomycete from Subantarctic Macquarie Island', *Antarctic Science* vol. 4 no. 4 (December 1992), pp:431-432.

· Sumstine, D.R. 'Slime-Moulds of Pennsylvania', *Torreya* vol. 4 no. 3 (March 1904), pp.36-38.

· Takahashi, Kazunari. 'Distribution of Myxomycetes on Different Decay States of Deciduous Broadleaf and Coniferous Wood in a Natural Temperate Forest in the Southwest of Japan', *Systematics and Geography of Plants* vol. 74 no. 1 (2004), pp.133-142.

· Takamatsu, Atsuko; Tanaka, Reiko; Yamada, Hiroyasu; Nakagaki, Toshiyuki and Fujii, Teruo. 'Spatiotemporal Symmetry in Rings of Coupled Biological Oscillators of Physarum Plasmodial Slime Mold', *Physical Review Letters*, PRESTO, Japan Science and Technology Corporation (13 Aug 2001).

· Takamatsu, Atsuko; Takaba, Eri and Takizawa, Ginjiro. 'Environment-dependent Morphology in Plasmodium of True Slime Mold *Physarum polycephalum* and a Network Growth Model', *Journal of Theoretical Biology* (Jan 2009), pp.29-44.

· Takamatsu, Atsuko and Watanabe, Shin. 'Transportation Network with Fluctuating Input/Output Designed by the Bio-Inspired Physarum Algorithm', *PLoS ONE* 9 (2) (February 2014).

· Tankha, Brij. 'Minakata Kumagusu: Fighting Shrine Unification in Meiji Japan', *China Report* 36, no. 4 (2000), pp.555-571.

· Tero, Atsushi; Kobayashi, Ryo and Nakagaki, Toshiyuki. 'Physarum Solver: A Biologically Inspired Method of Road-Network Navigation', *Physica* A vol. 363 (15 April 2006), pp.115-119.

· Tero, Atsushi; Takagi, Seiji; Saigusa, Tetsu; Ito, Kentaro; Bebber, Dan P.; Fricker, Mark D.; Yumiki, Kenji; Kobayashi, Ryo and Nakagaki, Toshiyuki. 'Rules for Biologically Inspired Adaptive Network Design', *Science* vol. 327 no. 5964 (22 January 2010), pp.439-442.

· Tsuda, Soichiro; Aono, Masashi and Gunji, Yukio-Pegio. 'Robust and Emergent Physarum Logical-Computing', *BioSystems* 73 (2004), pp.45-55.

· Tsuda, Soichiro; Zauner, Klaus-Peter and Gunji, Yukio-Pegio. 'Robot Control: From Silicon Circuitry to Cells', *Lecture Notes in Computer Science* vol, 3853 (2006), pp.20-32.

·Tsuda, Soichiro; Zauner, Klaus-Peter and Gunji, Yukio-Pegio. 'Real-time Requirements and Restricted Resources: The Role of the Computing Substrate in Robots' in *Proceedings of the International Conference on Morphological Computation, March 26-28* (European Center of Living Technology, 2007), pp.33-35.

· Tsuda, Soichiro; Zauner, Klaus-Peter and Gunji, Yukio-Pegio. 'Robot Control with Biological Cells', *BioSystems* 87 (2007) pp.215-223.

- Tsuda, Soichiro; Artmann, Stefan and Zauner, Klaus-Peter. 'The Phi-Bot: A Robot Controlled by a Slime Mould' in Adamatzky, Andrew and Komosinski, Maciej (eds.), *Artificial Life Models in Hardware* (Springer, 2009), pp.213-232.
- Umedachi, Takuya; Takeda, Koichi; Nakagaki, Toshiyuki; Kobayashi, Ryo and Ishiguro, Akio. 'Fully Decentralized Control of a Soft-Bodied Robot Inspired by True Slime Mold', *Biological Cybernetics* vol. 102 no. 3 (March 2010), pp.261-269.
- Whiting, James; de Lacy Costello, Ben and Adamatzky, Andrew. 'Towards Slime Mould Chemical Sensor: Mapping Chemical Inputs onto Electrical Potential Dynamics of *Physarum polycephalum* ' ', *Sensors and Actuators B: Chemical* 191 (2014), pp.844-853.
- Zauner, Klaus-Peter and Conrad, Michael 'Molecular Approach to Informal Computing', *Soft Computing* 5 (2001), pp.39-44.

ウェブ記事、オンラインリソースなど

- 'Artificial Synapses Could Lead to Advanced Computer Memory and Machines That Mimic Biological Brains', HRL Laboratories press release, 23 March 2012, http://www.hrl.com/hrlDocs/pressreleases/2012/prsRls_120323.html
- ヘザー・バーネット（Heather Barnett）のホームページ：http://www.heatherbarnett.co.uk/
- ソニア・バウメル（Sonja Bäumel）のホームページ：http://www.sonjabaeumel.at/
- Celeste Biever,'Robot Face Lets Slime Mould Show Its Emotional Side'; New Scientist, 8 August 2013, http://www.newscientist.com/article/dn24012-robot-face-lets-slime-mould-show-its-emotional-side.html
- *Convergent Science Network of Biomimetics and Neurotechnology* exhibition list, http://csnetwork.eu/livingmachines/conf2013/exhibitionlist
- 'Brainless Slime Moulds Can Remember', *University of Sydney News*, 9 October 2012, http://sydney.edu.au/news/84.html?newsstoryid-10241
- Bryn Dentinger, 'Revolutionising the Fungarium - a Genomic Treasure Trove? ', *Kew Gardens* news, 12 July 2013, http://www.kew.org/science/news/revolutionising-the-fungarium-a-genomic-treasure-trove.
- Hanson Robotics Research, http://www.hansonrobotics.com/research/
- *The Hidden Forest: Slime Moulds*, http://www.hiddenforest.co.nz/slime/index.htm
- Esther Inglis-Arkell, 'What Does It Mean When Chickens Share Human Beauty Standards?', *i09*, 23 July 2014, http://io9.com/what-does-it-mean-when-chickens-share-human-beauty-stan-1609162773
- Jeff Jones YouTube channels, https://www.youtube.com/user/physpol/videos https://www.youtube.com/user/zeffman/videos
- Jonathan Kalan, 'Is pee-power really possible?', *BBC Future*, 12 March 2014, http://www.bbc.com/future/story/20140312-is-pee-power-really-possible
- Ryugo Matsui, 'Minakata Kumagusu and the British Museum', Discuss *Japan: Japan Foreign Policy Forum* no. 16 (7 Oct 2013), http://www.japanpolicyforum.jp/en/archives/society/pt20131007034729.html
- *Micro-designs: original interior transformations*, http://www.micro-designs.com/
- Eduardo Miranda, 'Die Lebensfreude - Premiere by Sond'Arte Electric Ensemble, Portugal', http://vimeo.com/channels/miranda/55536077
- *Officina Corpuscoli*、マウリツィオ・モンタルティ（Maurizio Montalti）のホームページ：http://www.mauriziomontalti.com/
- Simon Park, *Exploring The Invisible: Outsider art from a scientist, revealing the hidden machinations of the natural world*, http://exploringtheinvisible.com/
- テレサ・シューベルト（Theresa Schubert）のホームページ：http://www.theresaschubert.com/
- *Slimoco: The Slime Mould Collective*, http://slimoco.ning.com/
- Pete Wilton, 'Ig Nobel for slime networks', *Oxford Science Blog* (1 October 2010), http://www.ox.ac.uk/news/science-blog/ig-nobel-slime-networks
- Ed Yong, 'Let slime moulds do the thinking!', *The Guardian Science* (8 Sept 2010), http://www.theguardian.com/science/blog/2010/sep/08/slime-mould-physarum

粘菌が登場する映画

- 『After Life: The Strange Science of Decay』（フレッド・ヘップバーン監督作品、イギリス、2011 年）90 分、HD ビデオ、ソース：BBC Scotland、初回放送日：2011 年 9 月 8 日
- 『Babobilicons』（ダイナ・クルミンス監督作品、アメリカ、1982 年）16 分、16mm（35mm にブローアップ）、ソース：Academy Film Archive
- 『真正粘菌の生活史——進化の謎・変形体を探る』（樋口源一郎監督作品、日本、1997 年）28 分、16mm、ソース：シネ・ドキュメント
- 『Like Nothing on Earth. The Incredible Life of Slime Moulds/Als wären sie nicht von dieser Welt. Der unmögliche Lebenswandel der Schleimpilze』（カールハインツ・バウマンおよびフォルカー・アルツット監督作品、ドイツ、2002 年）ARTE、43 分、ビデオ（ドイツ語）初回放送日：2002 年 6 月 24 日
- 『Magic Myxies』（F・パーシー・スミスおよびメアリー・フィールド監督作品、イギリス、1931 年）11 分、35mm、ソース：British Film Institute
- 『プラネット Z』（瀬戸桃子監督作品、フランス、2011 年）10 分、35mm、ソース：Sacrebleu Productions
- 『Slime Molds: Life Cycle』（ジェームズ・ケーフェニッヒおよびコンスタンティン・ジョン・アレクソポロス監督作品、アメリカ、1961 年）73 分、16mm、ソース：University of Iowa Bureau of Audio-Visual Instruction

人名・事項

著者

ジャスパー・シャープ
ロンドンに拠点を置く作家、映画評論家、映画史家。日本映画の専門家としても国際的に有名。日本映画ウェブサイト「MidnightEye」の設立者兼共同編集長。世界各地で数々の巡回回顧展や映画シーズンのキュレーションを担当。菌類の熱心なアマチュア研究家としての顔も持つ。制作および上映技術の歴史などを研究分野とし、同分野の研究によりイギリスのシェフィールド大学で博士号を取得。

ティム・グラバム
イギリスに拠点を置く映画制作者、ビジュアルアーティスト、アニメーター。20年以上にわたり短編映画の監督を務める。2003年に独立系スタジオ「cinema iloobia」を設立。日本の音楽と哲学を感性豊かに描き出した自身初の長編映画「KanZeOn」(2011)は、著名な国際映画祭などで上映された。

監修者

川上新一
1966年大阪府生まれ。筑波大学大学院生命環境科学研究科博士課程修了。博士(生物科学)。専門は、粘菌類の分類・系統・進化学。現在、和歌山県立自然博物館学芸員。著書に『変形菌ずかん』(平凡社)、『変形菌』(技術評論社)、監修に『粘菌生活のススメ』(誠文堂新光社)がある。

特徴から研究の歴史、動画撮影法、
アート、人工知能への応用まで

粘菌
知性のはじまりと そのサイエンス

2017年12月15日　発　行

著　者　　ジャスパー・シャープ／ティム・グラバム
監　修　　川上新一
発行者　　小川雄一
発行所　　株式会社 誠文堂新光社
　　　　　〒113-0033　東京都文京区本郷3-3-11
　　　　　(編集) 電話03-5805-7765
　　　　　(販売) 電話03-5800-5780
　　　　　http://www.seibundo-shinkosha.net/
印刷・製本 図書印刷 株式会社

ISBN978-4-416-71720-2